碳中和与中国未来

Carbon Neutrality And China's Future

王文 刘锦涛 赵越 著

北京师范大学出版集团
BEIJING NORMAL UNIVERSITY PUBLISHING GROUP
北京师范大学出版社

图书在版编目（CIP）数据

碳中和与中国未来 / 王文，刘锦涛，赵越著. —北京：北京师范大学出版社，2022.6
ISBN 978-7-303-27861-9

Ⅰ.①碳… Ⅱ.①王… ②刘… ③赵… Ⅲ.①二氧化碳－节能减排－研究－中国
Ⅳ.① X511

中国版本图书馆 CIP 数据核字 (2022) 第 063441 号

碳中和与中国未来
TANZHONGHE YU ZHONGGUO WEILAI

王 文 刘锦涛 赵 越 著

策划编辑：祁传华 责任编辑：祁传华
美术编辑：王齐云 装帧设计：王齐云
责任校对：陈 民 责任印制：赵 龙

出版发行：北京师范大学出版社	开本：730mm×980mm 1/16	版次：2022 年 6 月第 1 版
印刷：鸿博昊天科技有限公司	印张：22.5	印次：2022 年 6 月第 1 次印刷
经销：全国新华书店	字数：280 千字	定价：78.00 元

北京师范大学出版社
http://www.bnup.com
北京市西城区新街口外大街 12-3 号
邮政编码：100088
营销中心电话：010-58805602
主题出版与重大项目策划部：010-58805385

绪　论

碳中和

——21 世纪中国社会经济大变革

2021 年可称为中国"碳中和元年"。在 2020 年 9 月 22 日举行的第七十五届联合国大会一般性辩论上，习近平主席向世界正式作出中国"二氧化碳排放力争于 2030 年前达到峰值，努力争取 2060 年前实现碳中和"的庄严承诺。自此，"30·60"双碳目标的建立，令中国进入了新发展阶段和新发展格局的关键时期，开启了新一轮科技革命和产业变革的历史性机遇。

碳中和元年亦是世界各国开启低碳竞争的元年，更是中国以 2060 年实现碳中和为目标进入绿色低碳高质量发展布局的元年。面对全球气候变化引发的一系列环境危机与国际政治经济问题，近年来联合国不断督促世界各国积极采取更为有效的行动以减少温室气体排放，增强应对气候变化的防御力。截至本书完稿之时，全球已有 147 个国家制定、重申或明确了到本世纪中叶实现碳中和目标的具体年份，并相继推出绿色发展政策，积极布局低碳经济，并制定有效措施开展国际气候合作，推动联合国 21 世纪可持续发展进程。由此可见，绿色可持续经济作为 21 世纪世界经济发展的重要趋势与出路，已得到全球绝大部分国家的认可与支持。

中国为什么要实现碳中和？碳中和这个宏伟的世纪目标对中国意味着什么？新阶段中国的社会经济发展和转型将走向何方？面对全球低碳发展潮流，中国应该如何参与到全球气候治理之中？中国需要怎样的对外合作与交流模式才能在 21 世纪绿色低碳竞争与气候博弈中占据国际优势地位？……碳中和元年，中国正处在全球气候大变局的十字路口，种种问题都在令中国思考和选择前进的方向，因为只有抓住了碳中和绿色转型的重大机遇，才能处理好未来中国特色社会主义建设中人与自然、经济与环境、发展与减排等之间的关系，探索新时代中国经济高质量发展的出路，最终实现中华民族的伟大复兴。

为此，本书仔细梳理并深入分析了碳中和目标和国际低碳发展背景下的气候理论传承与发展、国家政策制定与规划、行业减排路径与进展、国际合作与竞争等一系列碳中和前沿问题，分为四个篇章加以阐述：

在第一篇理论延续部分，本书深入剖析了碳中和理念在国际气候治理历史中的发展和深化过程，挖掘了碳中和如何成为国际共识，又如何主导了国际气候治理和国际博弈关系的演变方向，从产业革命的角度探讨低碳转型与气候治理问题，在碳中和带来的大国博弈新规则下分析国际关系存在的多种潜在矛盾和不确定性。

在第二篇政策转变部分，本书详细地列举了自 2020 年碳中和目标提出以来，中国从中央到地方、从部委到行业所发布的一系列双碳重大政策文件，涵盖了顶层设计、行业布局、地方推进等多个层次，清晰地展示了中国生态文明建设的整体布局，并探讨了金融业绿色升级与碳中和战略之间的紧密联系，从碳市场的角度看待碳金融的发展模式，从碳核查与碳核算的角度研究金融体系环境信息披露的现状和前景，由此引出碳中和最大的支持力量——绿色金融的创新与升级。

在第三篇大国战略部分，本书扩展到宏观视野，以碳中和成为中美博弈新战场作为切入点，将气候博弈这场 21 世纪最大的国际博弈展现在读者眼前，也涵盖了欧盟碳关税下的国际绿色贸易竞争，以及以广西为出发点探索中国面向东盟的绿色金融跨境合作路径，最终展望中国未来的气候治理行动方向。

在第四篇未来发展部分，本书以更长远的视角探讨碳中和对中国未来的意义，不仅具备充分的学术性和理论性，也做到了紧贴实务，具备现实指导意义，例如，探讨中国如何从新冠肺炎疫情中实现绿色复苏以及防范双碳目标下的"运动式"减碳问题。

碳中和对中国而言，不仅是一次全面经济转型，更是中华民族复兴的一次观念、思想与生活方式的革命。若中国把握住 21 世纪碳中和绿色革命的历史机遇，将使中国这个后发、新兴的发展中国家获得与发达国家同台竞争乃至弯道超车的优势，并在中国的全面建设社会主义现代化强国进程中将现代化的定义作出更新和升级，从生态文明和人类存续的角度发展中国特色社会主义经济建设理论。

作为发展中国家，中国从达峰到中和的承诺仅有 30 年时间，这远低于发达国家所制定的 60 至 70 年的过渡期。但中国向世界提出了碳达峰、碳中和宏伟目标，这是落实联合国《巴黎协定》的庄严承诺，是以习近平同志为核心的党中央经过深思熟虑作出的重大决策，更事关中华民族永续发展和构建人类命运共同体。碳中和是一场持久战，是一个重塑经济社会发展模式的历史进程。自碳中和元年以来，中国各级政府与各行各业高度重视，积极探索行动方案，加快制定路径规划，为实现碳达峰、碳中和长远目标打下了坚实基础，在生态文明建设与绿色可持续发展道路上迈出了坚定的第一步。

希望本书能为读者带来碳中和理念的思考，让更多人了解中国所开展的这场历史上最大的碳减排运动，同时也向世界讲好中国碳中和故事。

目 录 Contents

第一篇 理论延续

第二篇　政策转变

第三篇　大国战略

第四篇　未来发展

第一篇

理论延续

本篇导语

什么是「碳中和」？为什么要实现碳中和？碳中和对中国的未来意味着什么？

「碳中和」在中国虽然是一个新兴概念，但一经提出便迅速成为热门议题。碳中和目标意味着一场跨越数十年的大变革正在开启，也为中国在全球范围内寻求竞争优势带来了机遇和出路。

为此，本篇从理论角度探讨了碳中和理念从问世到深化，再到如何影响全球竞争规则和国际关系格局，从中探索出碳中和对当下中国的深远意义。

01 Chapter 1

碳中和理论溯源与国际现状：
从问世到深化

2020 年 9 月 22 日，习近平主席在第七十五届联合国大会一般性辩论上正式作出中国"二氧化碳排放力争于 2030 年前达到峰值，努力争取 2060 年前实现碳中和"的庄严承诺，开启一系列社会经济转型与变革。2021 年，可称为中国"碳中和元年"。

在全球气候治理进程与绿色经济蓬勃发展的背景下，中国顺应时代潮流，积极加快碳中和长远布局，并将其落实到具体行动之中。在碳中和目标提出一周年之际，不仅各部委相继出台了一系列碳中和重点政策，各省市亦把做好碳达峰、碳中和工作写入了地方"十四五"规划之中，各行业部门积极响应号召、制定减排路径规划，金融系统更是全面开启绿色升级以支持高排放产业开展低碳转型。

2021 年 2 月，国务院印发了《关于加快建立健全绿色低碳循环发展经济体系的指导意见》，绿色低碳经济作为顶层设计得到正式部署。2021 年 3 月，"落实 2030 年应对气候变化国家自主贡献目标，制定 2030 年前碳排放达峰行动方案"纳入了"十四五"规划，碳排放达峰后稳中有降亦作为 2035 年远景目标之一。由此可以预见，在未来数十年内，中国将开启一场经济社会全方位绿色升级转型，而碳中和对世界各国而言都是一条全新的发展道路，并没有成功经验可以借鉴，中国正自主探索相关路径，主动应对挑战并克服困难，不断抓住碳中和目标所带来的各种发展机遇，在相关决策与执行中展现出强大的大国行动力。

从国际角度来看，世界各国正积极布局低碳经济，这将直接影响未来国际政治经济局势走向，全球碳中和进程伴随着国际产业格局和金融格局的全面重塑，将不断为中国带来全新的投资机遇与合作机遇。对此，中国充分意识到应抓住低碳减排布局的重要先机。过去数年所开展的减排工作已取得了较为显著的成效，2019 年，中国碳排放强度（每单位国民生产总值的增长产生的二氧化碳排放量）比 2005 年降低 48.1%。[1] 而自碳中和目标提出后，中国的低碳减排

---

① 李学磊：《我国应对气候变化和推动低碳发展取得显著成效》，新华社，2020年 9 月 27 日。

进程来到决定性的历史转折点，将从产业到部门、从国家到省市重新探索更为安全可靠的方案和路径，挖掘产业升级与绿色转型的潜在机遇，最终进入可持续的高质量稳定发展阶段。

碳中和不仅是一场国际竞争，更是一场国内全产业经济的变革，必须进行全面统筹与规划。一个国家的治理能力往往反映在其气候环境治理能力上，大国亦承担了较高的国际气候环境保护责任。[1]纵观碳中和目标提出一周年后的国内外形势，中国正努力规划双碳达成路线和实施方案，积极寻求更新的发展模式，为绿色转型和气候治理注入新动力。

一、碳中和问世与在中国的深化进程

（一）碳中和概念溯源与逻辑依据：
兼具科学意义与社会价值

碳中和（carbon-neutral）概念始于 1997 年，由来自英国伦敦的未来森林公司（后更名为碳中和公司）首次提出[2]，指家庭或个人以

---

[1] 文同爱、周磊：《论发达国家的国际气候环境保护责任》，载《时代法学》，2014（1）。

[2] 刘长松：《碳中和的科学内涵、建设路径与政策措施》，载《阅江学刊》，2021（2）。

环保为目的，通过购买经过认证的碳信用来抵消自身的碳排放，该公司亦为这些用户提供植树造林等减碳服务。随着碳中和概念的推广，广义上的碳中和概念扩展为通过植树造林、生物固碳、节能环保等方式，抵消一段时间内国家或企业产生的二氧化碳或温室气体排放量，使之实现相对"净零排放"，并根据所遵循的国际计算标准将碳足迹降至零。1999 年，苏·霍尔（Sue Hall）在俄勒冈州创立了名为"碳中和网络"的非营利组织，旨在呼吁企业通过"碳中和"的方式实现潜在的成本节约和环境可持续发展，并与美国环境保护署、自然保护协会等共同开发"碳中和认证"和"气候降温"品牌。经历了数年的推广，碳中和概念逐渐大众化，carbon-neutral 一词在 2006 年被《新牛津英语词典》评选为年度词汇，并在 2007 年被新版《新牛津英语词典》正式收录。

碳中和概念的物理意义在于，种种证据和研究显示，自工业革命以来，人类工业化进程中以二氧化碳为主的温室气体排放造成全球气候变暖以及附带的一系列极端天气、自然灾害、军事冲突等恶果[1]，严重影响未来人类文明的存续。据世界气象组织数据显示，2011—2020 年全球陆地平均气温是有史以来最热的 10 年，超过 20 世纪平均水平 0.82 摄氏度。2021 年，澳大利亚洪水、德国巴伐利亚

---

[1] 国务院发展研究中心课题组、刘世锦、张永生：《全球温室气体减排：理论框架和解决方案》，载《经济研究》，2009（3）。

暴雨、中国河南特大洪涝灾害等"千年一遇"的极端天气频发，令世界人民重新审视气候变化带来的灾害与危机。因此，降低温室气体的排放量已成为各国的共同义务和责任，但是，要完全实现降至零排放并不现实，多余的部分将通过生物固碳、CCUS（碳捕集与封存）等方式进行抵消，通过碳中和的方式实现大气中的温室气体含量相对稳定。

碳中和概念的社会经济意义则在于，将全球气候变化议题从环境保护和资源利用问题进一步提升到了经济发展模式和质量的层次。[①] 过去，污染排放的外部成本没有得到充分重视，致使世界各国和人民都要面对气候变化带来的损失。应对气候变化在本质上需要应对工业化进程中落后的生产方式，只有提高资源利用效率和生产效率、降低污染量和排放量，才能从根本上改善全球气候环境问题。

（二）碳中和与全球气候治理的国际演进：
气候行动的全球历史

在碳中和概念兴起之前，国际气候治理议题以降低温室气体排

---

① 李俊峰、李广：《碳中和——中国发展转型的机遇与挑战》，载《环境与可持续发展》，2021（1）。

放①为主题。1972年6月，首届联合国人类环境会议在瑞典斯德哥尔摩举行，各国政府首次共同讨论环境问题，并提议重视工业温室气体过度排放造成的环境问题。1988年，政府间气候变化专门委员会（IPCC）由世界气象组织和联合国环境署合作成立，于1990年首次发布《气候变迁评估报告》，并指出工业化时期二氧化碳和温室气体排放带来的气候变暖问题。1992年6月，联合国环境与发展会议在巴西里约热内卢召开，《联合国气候变化框架公约》达成，要求各缔约方以"共同但有区别的责任"为原则②自主开展温室气体排放控制。1997年，IPCC协助各国在日本京都草拟了《京都议定书》，目标是2010年全球温室气体排放量比1990年减少5.2%。

随后二十年间，《京都议定书》并没有达到理想的效果，"共同而有区别的责任"原则也没有发挥出强烈的约束作用。虽然欧盟成员国普遍在1990年左右达到温室气体排放峰值③，但到2010年全球总排放量不仅没有减少，反而比1990年增长了近46%。④ 2015年

---

① 付允、马永欢、刘怡君、牛文元：《低碳经济的发展模式研究》，载《中国人口·资源与环境》，2008（3）。

② 万霞：《"后京都时代"与"共同而有区别的责任"原则》，载《外交评论（外交学院学报）》，2006（2）。

③ 吴静、王诗琪、王铮：《世界主要国家气候谈判立场演变历程及未来减排目标分析》，载《气候变化研究进展》，2016（3）。

④ 李俊峰、李广：《碳中和——中国发展转型的机遇与挑战》，载《环境与可持续发展》，2021（1）。

12 月 12 日，联合国 195 个成员国在 2015 年联合国气候峰会上通过了《巴黎协定》，取代《京都议定书》[①]，敦促各成员国努力将全球平均气温上升控制在较工业化前不超过 2 摄氏度、争取在 1.5 摄氏度之内，并在 2050—2100 年实现全球碳中和目标。自此，碳中和作为一项国家层面的发展理念，在世界范围内得到广泛接纳。

但《巴黎协定》在五年间的执行力度亦没有达到联合国的预期，部分国家没有切实践行减排承诺，或所制定的减排方案无法满足既定的气温控制目标，未能朝正确方向前进。为此，在 2020 年 12 月《巴黎协定》签署五周年之际，联合国及有关国家倡议举办了 2020 气候雄心峰会，联合国秘书长古特雷斯呼吁全球各国领导人"宣布进入气候紧急状态，直到本国实现碳中和为止，并采取更激进的减排措施把可持续发展目标写入具体政策且加以落实"[②]。碳中和呼吁得到全球上百个国家的响应，其影响范围进一步扩大。与碳中和相关的国际组织以及企业社区在近年来相继成立，例如，2017 年由 16 国与 22 城市建立的碳中和联盟（CNC）以及 2019 年在柏林成立的"气候行动领导人"企业家社区，推动碳中和作为国家层面的发展理念逐步深化。

---

① 李威：《从〈京都议定书〉到〈巴黎协定〉：气候国际法的改革与发展》，载《上海对外经贸大学学报》，2016（5）。

② ［葡］安东尼奥·古特雷斯：《到 2050 年实现碳中和：当今世界最为紧迫的使命》，2020 年 12 月 11 日在气候雄心峰会上的讲话。

（三）碳中和理念在中国的被接纳历程：

生态文明建设的历史转折

2007 年 7 月 20 日，中国绿化基金会中国绿色碳基金成立[①]，碳基金旨在积极实施以增加森林储能为目的的造林护林等林业碳汇[②]项目，缓解气候变化带来的影响，这是碳中和概念首次在中国官方层面得到呈现。

2015 年 6 月 30 日，李克强总理在法国访问期间，宣布了中国的减排承诺，中国政府已向《联合国气候变化框架公约》秘书处提交了文件，描述中国 2030 年的行动目标：二氧化碳排放 2030 年左右达到峰值并争取尽早达峰，单位国内生产总值二氧化碳排放比 2005 年下降 60%—65%[③]，中国 2030 年碳达峰承诺为中国的减排进程跨出了阶段性的历史步伐。

2020 年 9 月 22 日，国家主席习近平在第七十五届联合国大会一般性辩论上提出中国将在 2060 年前实现碳中和。2020 年 12 月，习近平主席在气候雄心峰会上进一步提出了降低化石能源比重、提

---

① 李薇薇：《贾庆林出席中国绿化基金会中国绿色碳基金成立仪式并讲话》，新华社，2007 年 7 月 20 日。

② 碳汇指通过植树造林和植被恢复等措施，吸收大气中的二氧化碳，从而减少主要温室气体二氧化碳在大气中浓度的过程。

③ 林巧婷：《解读中国 2030 低碳承诺：累计排放低于欧美或需 40 万亿资金》，中国新闻网，2015 年 7 月 1 日。

高森林蓄积量、提高风电和太阳能装机量等四项 2030 年自主贡献目标。[①] 两项目标提出后，碳中和正式成为国家承诺，向世界展示了中国的减排责任与大国担当。

2021 年《政府工作报告》与"十四五"规划中均指出，中国将制定 2030 年前碳排放达峰行动方案，碳减排的相关工作和举措将加快进入实行阶段，并于 3 月 15 日召开的中央财经委员会第九次会议中被重点说明。中国已正式将碳中和理念纳入生态文明建设布局，相比于其他国家而言彰显出了强大的政策效率和执行力度，时间目标更为清晰和明确。

碳中和目标提出并纳入顶层设计至今已有一周年，中国正开启一场以政府与市场结合、生产与消费结合、实体经济与金融体系结合等为主的全方位绿色低碳转型升级。

二、碳中和与全球形势的演变

（一）碳中和及全球碳排放局势分析：
　　基于人均和强度的综合视角

2020 年气候雄心峰会上，古特雷斯呼吁各国采取更有效和更积

---

① 习近平：《继往开来，开启全球应对气候变化新征程——在气候雄心峰会上的讲话》，载《人民日报》，2020 年 12 月 13 日。

极的减排行动以兑现各自的承诺。现有国家中，不丹和苏里南已实现碳中和乃至负碳，而有超过 80% 的国家以 2050 年作为碳中和目标节点，例如，欧盟除波兰以外各成员国均同意欧盟官方承诺的 2050 年碳中和计划。日本、韩国等多个国家已从政府层面率先开始制定并执行一系列减排措施，推动本国环境保护、清洁能源等绿色产业的发展；欧盟、南非等已经向联合国提交了以碳中和为目标的减排计划书。① 面对日益复杂的国际低碳局势，分析碳中和在国内外的演进特征以及 2021 年的综合形势对中国的碳减排行动规划具有重要的借鉴意义和参考价值。

全球气候治理形势以 21 世纪 20 年代各国作出碳中和承诺以及美国重返《巴黎协定》为标志，再度开启新格局。联合国 2020 年排放差距报告统计显示，2019 年全球温室气体排放量约为 524 亿吨二氧化碳当量（各温室气体按温室效应大小统一折算为二氧化碳），中国以约 140 亿吨当量占据了 27%。二氧化碳为温室气体的主要成分，其排放量按排放效应计算约占温室气体排放总当量的 65%—80%（各国家和地区存在差异），中国在 2019 年的二氧化碳排放量约为 108 亿吨。

各国碳排放情况差异较大，为直观地分析国际碳中和形势，本书对碳排放重点国家和地区以 2019 年各国人均 GDP（美元统计值）

---

① 钱通：《全球加速拥抱"脱碳"时代》，载《经济日报》，2021 年 3 月 22 日。

为横轴、2019 年人均二氧化碳排放量（部分国家为综合预估值，仅
计算二氧化碳，不含其他温室气体）为纵轴，建立主要国家碳中和
形势图（碳排放量较低或人口较少的国家和地区不计入；英国不计
入欧盟），散点颜色用以区别该国近期所宣布的实现碳中和目标的时
间节点（包含立法确立或官方承诺，不包含仅透露意向），散点面积
大小用以描述该国人口数量，如图 1-1 所示。

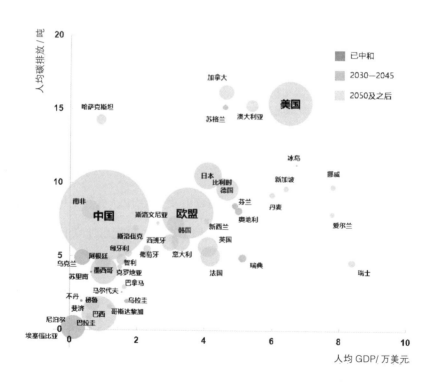

图 1-1　重点碳排放国家和地区碳中和综合形势图

碳排放总量并不能客观地反映一国的排放水平，尤其是对于人口总量居世界第一的中国而言，缺乏对发展中国家的公平性。因此，应将人均碳排放量也纳入评价标准之中，通过联合国提供的相关数据计算，2020 年全球人均碳排放水平约为 4.35 吨，受新冠肺炎疫情影响略有降低。同时，考虑到各国经济发展水平存在差距，也应以碳排放强度（单位 GDP 消耗的二氧化碳排放量）作为分析各国经济发展和碳排放之间关系的重要参考指标，图 1-1 中各国与原点连线的斜率反映了其每单位 GDP 的二氧化碳排放水平。

综合人均排放量与碳排放强度两项重要指标，目前北欧国家的碳排放强度较低、人均 GDP 较高，而以美国为代表的北美地区的人均碳排放显著高于其他国家。欧盟国家人均碳排放高于世界平均水平，且在较长时间以来未有明显改善，在一定程度上呈现出自《巴黎协定》以来气候治理能力上的衰落。[①] 中国目前人均碳排放量约为 7.76 吨，碳排放强度约为 7.69 吨每万美元 GDP，虽然中国在人均碳排放上并未与世界平均水平拉开太大差距，也远低于美国、加拿大、澳大利亚等发达国家，但是中国作为发展中国家，较高碳排放强度反映出经济发展的质量亟须提升，未来将面临更为严峻的碳减排形势，即面对经济增长与环境治理之间的发展中国家特色减排矛

<hr>

① 寇静娜、张锐：《疫情后谁将继续领导全球气候治理——欧盟的衰退与反击》，载《中国地质大学学报（社会科学版）》，2021（1）。

盾与困境。

从另一个角度，图 1-1 还反映了碳排放强度和人均排放量水平与该国制订碳中和计划的时间节点基本契合。而在达峰与中和的过渡期上，英国、德国等欧洲国家已于 20 世纪七八十年代实现碳排放达峰，美国也于 2007 年达峰[①]，中国以 2030 年作为碳达峰目标年份以及 2060 年作为碳中和目标年份，无疑面临着更大的减排压力。

（二）世界各国绿色低碳经济布局共性特征

面对复杂的国际碳中和局势以及全球气候环境问题，各国在 2020 年前后纷纷抓紧布局本国的绿色发展政策，具体包括设立绿色基金、开展绿色项目优惠、推动能源清洁化和交通电动化、加大生态环境保护和生物多样性保护的力度等。综合分析，具有如下特点：

第一，可持续经济占比持续提高，各国加大投入并扶持绿色产业。

各国碳中和政策布局以向相关企业提供税收优惠和财政支持较为普遍，同时发展国家级的绿色产业基金，以引导绿色融资向绿色

[①] 王能全：《碳达峰：美国的现状与启示》，载《财经》，2021（5）。

产业倾斜。政府层面的扶持促进了企业主动进行绿色转型，不断提高可持续经济在国民经济中的占比，并带动绿色就业，借助绿色产业增长提供就业岗位。各国"碳中和"政策的推出，其根本目的并不只是控制排放总量与减缓全球气候变化，更重要的是以可持续发展为导向进行产业经济的全面转型与升级。

但是，2020年新冠肺炎疫情后各国绿色复苏的力度依然不足，对于绿色产业的投资尽管有较大增长，但仍没有达到联合国的期望，各国长期复苏计划中只有约3410亿美元（占长期经济复苏支出的18%）的项目支出符合绿色标准[①]，尤其发展中国家缺乏相应条件，在绿色转型升级、绿色产业投资、绿色技术创新等方面存在难度，疫情后开展绿色复苏占经济复苏支出的比例普遍低于10%，使得对绿色投资的力度从长期来看尚无法充分应对全球气候环境变化带来的影响和损失。

第二，清洁可再生能源成为能源市场主流，国际能源格局开始转变。

可再生能源的全面应用是可持续发展的核心，各国碳中和能源减排战略亦普遍以降低化石能源发电占比、减少煤炭消费为主，不断提高风电、水电、光伏、氢能、生物质能等清洁能源的发电占

---

① 联合国环境署：《Are We Building Back Better? Evidence from 2020 and Pathways for Inclusive Green Recovery Spending》报告，2021年3月10日。

比，这导致传统的国际石油能源格局逐渐发生转变。

若要在国民经济中尽快摆脱高排放的生产与生活方式，必须同时从能源供给端与消费端入手，逐步实现从化石能源转向清洁可再生能源的过渡和替代。一方面，在各国绿色复苏政策之中，对清洁能源的投资是疫情后经济复苏与刺激计划中最具效益和安全性的投资之一。另一方面，清洁能源的发展伴随着新能源汽车产业迎来新增长点，促使英国、日本等国相继宣布燃油车禁售计划，令具备数字化、智能化、新基建、低排放等绿色属性的新能源汽车在各国低碳经济中进一步获得更多的市场发展机遇。

第三，国际绿色金融市场逐渐成熟，绿色融资的重要性不断提升。

尽管各国在绿色金融的概念界定和体系建设等方面存在异同，但运用金融资源支持绿色可持续产业发展和应对全球气候环境变化的重要理念已成为共识。其中，金融资源以信贷资源、政策资源、监管资源、机构资源、市场资源、工具资源等为主，共同组成推动绿色产业项目融资和服务的综合体系。

各国积极通过发展绿色金融带动疫情后的绿色经济复苏，同时在碳中和目标下的可持续经济发展中为绿色金融增添支持低碳减排的重要属性，并推动政府经费开支与市场资金流向发生转变。与此同时，国际范围内新的绿色金融中心应运而生，以英国明确要建立的伦敦和利兹两个全球绿色金融与投资中心为例，未来其他各国也将逐步建立绿色金融信息资讯中心、碳金融交易中心、绿色衍生品中心等。

第四，绿色低碳发展成为国际合作重要导向及国际竞争新兴战场。

碳中和作为近百个国家所制定的顶层战略目标，在落实与执行阶段将为相关产业领域提供国际间低碳经济长期的合作机遇，引导国际间绿色资本流动、人才就业、绿色产业与可再生能源创业投融资。以德国、丹麦等国开展的"绿色外交"为例，区域间的绿色国际援助支持也将成为发达国家与发展中国家挖掘合作方向的重要领域。未来，以中欧绿色合作高级别论坛为典型的国际碳中和技术交流、谈判、研讨、合作方案将在更大范围内和更多的成员国之间开展，并推动分行业、分领域、分地区的碳中和国际俱乐部的建立。

国际碳中和绿色竞争以美国 2021 年重回《巴黎协定》为开端，几大主要经济体，同时也是碳排放最高的主体，已正式进入赛道。拜登政府意图通过发展清洁能源重振美国经济，而美国急于加入各类国际组织也表明其意图在国际气候变化上重振影响力与领导力。2021 年 11 月 1 日，第 26 届联合国气候变化大会（COP26）召开。会议围绕全球低碳经济进行了一场完全不同于以往的全新气候谈判，推动碳中和发展理念再一次升级与深化。早期的全球环境保护与气候变化议题屡次向国际低碳治理扩展，围绕碳中和标准制定、资源供给、合作方式、利益分配等问题将不断产生越来越激烈的国际谈判与斗争。

（三）国际减排形势与压力下的中国思考

综合以上四大碳中和政策趋势，各国已推出的重点举措反映出三大问题：

第一，各国碳减排政策的大体方向基本上是正确的，例如，发展清洁能源和绿色融资等，但具体措施在细节上的效果与效率还需要时间进行检验。部分政策将在未来被证明是有效的，部分政策也未必能达成预期的效果。可以预见的是，虽然现有147个国家提出了碳中和目标，但到2050年左右，必然有相当一部分国家未能达成减排目标和兑现承诺，届时将成为不可忽视的国际问题。

第二，全球碳中和元年，大部分国家都在开展探索、创新和尝试，尚未能形成可持续的、具备实际指导意义的碳中和国家发展模式和路径规划。不同国家和地区处于不同经济发展阶段，也具备独特的人口、资源、环境条件以及产业类型特征，那么各自的低碳发展方向和政策将无法相互适用。

第三，部分国家还没有完全厘清绿色发展与碳中和之间错综复杂的关联，另有部分未达峰的国家尚未区分碳达峰与碳中和两项不同时期目标之间的难度和实现差异，那些以降低碳排放为目标的短期政策未必适用于长期以碳中和为终点的可持续发展，而碳中和如何融入传统的绿色发展并作为新的职能和导向开启新升级亦需要从更高的层次进行深入探讨。

面对日益复杂的国际碳中和形势，中国承担了发展中国家特有的减排压力，在碳中和目标正式提出后，应从国际角度客观分析国际绿色发展背景，为国内各项碳减排工作开展的时点选择和模式制定提供行动依据，逐渐走出一条中国特色碳中和发展之路，以应对新一轮的国际绿色低碳竞争和挑战。

02 Chapter 2

碳中和与大国博弈：
气候治理下的全球规则重塑

历经近半个世纪的全球气候治理，碳中和已成为一项国际新共识，并赋予各国应对 21 世纪气候变化的共同使命。在气候变化问题与碳中和目标的综合约束下，国力评估方式、国际经贸格局、金融博弈规则等发生了以绿色、去碳化、环境兼容等为主要特征的颠覆性转变，并进一步引发了大国气候竞争与合作、外交关系缓和与紧张、国家实力衰落与重振的三大矛盾或不确定性，从而为新阶段的全球气候治理格局增添了复杂性、多元性和曲折性。

碳中和大国博弈对中国具有深远意义，正确处理好经济发展与环境治理之间的矛盾和关系、把握在碳中和目标下的社会经济转型机遇、积极提升气候治理行动的国际话语权与主动权、在人类命运共同体的框架和视野下探索中国特色绿色低碳发展路径，是中国未来的必然选择。

一、碳中和与三大革命

碳中和，是一个融合气候变化、经济发展、全球治理、国际关系、金融流通、国际贸易等要素，且各要素之间相互影响和作用于一身的综合概念。2021 年可称为"碳中和元年"[①]，在联合国的呼吁下，大部分国家在 2021 年前后相继提出或重申本世纪中叶实现碳中和（碳净零排放）的目标，以应对 21 世纪日益严峻的全球气候变化问题。碳中和已成为当下全球政治经济最热门议题[②]，如此前所未有的国际动向，隐含着未曾挖掘的国际竞争规则与国际关系的颠覆性转变，而未来数十年内国际局势演化的起点亦可追溯到碳中和元年，亦即国际低碳竞争元年。

碳中和伴随着三大革命：不仅是一场国际关系革命，同时也是一场产业革命与金融革命，且三者之间存在紧密联系。纵观历史，

---

① 王文、刘锦涛：《"碳中和"逻辑下的中国绿色金融发展：现状与未来》，载《当代金融研究》，2021（1）。

② 王文：《碳中和，新全球博弈刚刚开始》，载《中国经济评论》，2021（5）。

产业革命不仅带来了生产方式和社会关系的变革[①]，也伴随着金融体系的升级和国际关系的转型：

18世纪后半叶开始的第一次工业革命推动了欧洲各国的资本原始积累和现代银行业的产生，也进一步助长了英法等国开展海外殖民掠夺扩展、成为海上霸主并重建世界秩序，且地理大发现还造成了大量贵金属涌入西欧[②]，带动了金融资本的第一次大规模国际流动；

第二次工业革命后人类进入电气时代，而美国在19世纪以纽约证券交易所成立为标志的资本市场的融资支持下得以迅速崛起[③]，并在帝国主义争夺世界霸权的国际竞争格局下与欧洲列强分庭抗礼；

在第二次世界大战后兴起的第三次工业革命（亦称为第三次科技革命）之中，得益于以纳斯达克市场为代表的风险创业投融资体系的诞生和发展，信息技术为首的高精尖科技开始蓬勃发展，不仅令社会经济结构和人民生活方式发生了颠覆性变化，更对战后国际

---

① 陈雨露：《工业革命、金融革命与系统性风险治理》，载《金融研究》，2021（1）。

② 张宇燕、高程：《美洲金银和西方世界的兴起》，载《社会科学战线》，2004（1）。

③ 马达：《美国场外交易市场的发展历程及启示》，载《金融教学与研究》，2008（2）。

秩序和国际关系产生了深远影响，各国对科学研究和第三产业的资金投入催生了科技水平的爆发式增长，后起国家的进步与崛起亦令世界格局从冷战后的"一超多强"向多极化过渡。[1]

纵观三次工业革命，革命意味着生产力的跨越式提升，重大经济转型的共同点在于能源类型和生产方式的转变，而新的生产方式和生产关系则需要新的金融体系提供支撑，生产力水平和金融系统的先进程度又会加剧国家之间的不平衡发展，进而推动国际关系的改造和重塑，并直接影响了世界财富的再分配。

当前，自碳中和元年起，新一轮历史变革正在酝酿而生，全球气候变化问题的严重性和迫切性远远超出各国预期，联合国督促世界各国尽快采取更有效、更激进的措施降低温室气体排放以实现其已承诺的到21世纪中叶碳中和的历史目标，截至2021年12月已得到全球147个国家和地区的响应。[2]

各国如此迅速、迫切的行动表明，气候变化是一个突出的经济问题：以化石燃料为主的影响气候的活动具备全球外部性，它具备较长的时间跨度，将在未来数十年内影响全球自然系统和社会系统，并将以经济问题引发各种政治和社会问题。碳中和元年过后的

---

[1] 孙健、薛念文：《论冷战后国际政治格局多极化趋势》，载《哈尔滨学院学报》，2017（1）。

[2] 数据和名单为联合国官网提供并动态更新。

21 世纪 20 年代是国际局势的转折点，碳中和目标将成为一项新的全球共识，以推动工业生产方式的转型为基础，伴随着金融体系与国际秩序的第四次历史大变革，与工业 4.0 时代的数字化智能制造相结合颠覆传统生产方式并飞跃式提升生产效率与质量，实现与化石燃料文明脱钩的"第四次工业革命"，最终在产业革命与能源革命的同时带来金融革命与大国关系革命。

因此，碳中和是一场大变革，它因气候变化而成为全球共识，以共识带动能源利用和生产方式的改革，引发金融和贸易体系的升级，从而重构国际分配格局、国际竞争形势、国际博弈关系。各国顺应时代潮流，应当对碳中和带来的历史性变革机遇予以正确评估：碳中和如何逐步成为不可忽视的共识？碳中和在怎样的逻辑下引发了大国博弈革命？碳中和下的国际新格局具备何种历史阶段性特征？由此分别切入并开展综合分析与探讨，探索第四次产业革命中应开展的战略对策。

二、碳中和：一场气候治理引发的全球新共识

全球共识往往是事关人类命运共同体、不以国际利益矛盾为转移的议题，气候问题以其对自然环境和人类文明的重大威胁性，具备成为共识的客观要件。

气候治理议题诞生至今已有近半个世纪，其间反复伴随着理念深

化、国际谈判、利益争端。21 世纪 20 年代，以碳中和导向的应对气候变化与绿色可持续发展，已成为联合国自 20 世纪 90 年代"冷战"结束后继反恐怖主义、反跨国洗钱与腐败以来所达成的第三个全球共识，并进而将主导新阶段的国际资本流向、大国博弈规则和国际金融秩序。

（一）全球气候治理演进的历史溯源

半个世纪以来，全球气候治理是一场曲折的国际政治谈判[①]史，先是历经近 30 年的发展后达成了全球性的基本共识，后又在 21 世纪经过 20 年的谈判后，逐渐以降低温室气体排放并确保本世纪气温升高幅度可控为目标，建立起气候治理的国际体系。

气候治理史可划分为四个阶段：联合国议题诞生阶段、《京都议定书》阶段、哥本哈根阶段、《巴黎协定》阶段，并对应了气候国际合作历经的四个组织演进：IPCC 的成立与《联合国气候变化框架公约》，《京都议定书》，《哥本哈根协议》，《巴黎协定》，历经四轮国际深化（表 2-1）。

---

① 董亮：《全球气候治理中的科学评估与政治谈判》，载《世界经济与政治》，2016（11）。

表 2-1　全球气候治理的阶段性发展历史特征演进

时期	文件	全球气候治理阶段性特征
1972—1997 议题诞生阶段	1972 年，首届联合国人类环境会议召开； 1988 年，政府间气候变化专门委员会（IPCC）成立； 1992 年，《联合国气候变化框架公约》达成	发达国家主导，各国以"共同但有区别的责任"[1]为原则自主控制排放； 没有规定各国强制义务，也没有制定出气候治理的实施框架与操作路径
1997—2009 《京都议定书》阶段	1997 年，《京都议定书》通过，两年内开放签字并累计有 84 国参与签署	以法规形式制定强制目标； 制定了三大实施路径：国际碳排放交易机制、联合履行机制、清洁发展机制； 气候治理在环境属性的基础上开始具备政治和经济属性
2009—2015 哥本哈根阶段	2009 年 12 月，《哥本哈根协议》通过[2]	因《京都议定书》未达到理想效果[3]，《哥本哈根协议》维护了气候变化共识；

①　万霞：《"后京都时代"与"共同而有区别的责任"原则》，载《外交评论（外交学院学报）》，2006（2）。

②　巩潇泫、贺之杲：《欧盟行为体角色的比较分析——以哥本哈根与巴黎气候会议为例》，载《德国研究》，2016（4）。

③　李俊峰、李广：《碳中和——中国发展转型的机遇与挑战》，载《环境与可持续发展》，2021（1）。

时期	文件	全球气候治理阶段性特征
		不具备法律约束力，各国自主减排； 发展中国家入局
2015年至今《巴黎协定》阶段	2015年12月，联合国195个成员国通过《巴黎协定》[①]	正式确定2摄氏度世纪目标（努力控制在1.5摄氏度）； 全球气候治理走向多主体、多举措、多路径综合开展的新阶段，国际气候谈判走向复杂化、多元化、曲折化

资料来源：根据联合国公开资料整理

　　由表2-1划分的全球气候治理发展与深化史，具备三大特征：

　　第一，全球气候治理具备求同性，气候目标在近半世纪以来逐渐得到明确，气候治理的人类命题属性不断加深，其共识达成具备必然性，这从各阶段内国际气候协议达成国家的范围逐渐扩大、达成时间逐渐缩短等特征亦有迹可循。21世纪全球气候问题以其亟须解决的迫切性、影响范围的广泛性、与人类存续的密切性等超脱于一般社会经济活动的特性，得到了各国的空前认同和关注。

---

① 李威：《从〈京都议定书〉到〈巴黎协定〉：气候国际法的改革与发展》，载《上海对外经贸大学学报》，2016（5）。

第二，全球气候治理具备存异性，气候问题和减排共识虽持续得到各国加强和深化，但各国在减排目标和方式上并非上下齐心，均有自身利益考量，使气候治理史也成为一场气候谈判史。随着气候问题的深化，气候责任分配上的公平性使得发达国家与发展中国家之间的矛盾日益加深，并演化为利益分歧：从历史溯源的角度，欧美发达国家是主要的温室气体排放国，发展中国家没有在工业化时期造成大量碳排放，不是当前气候变化问题的罪魁祸首，却要共同承担减排责任和压力[1]；从现状评估的角度，以中国为首的发展中国家人均碳排放量低于北美，但却在总排放量上遭受谴责，难以争取气候经济悖论下的碳排放效率公平；从未来预期的角度，发展中国家还有经济增长的需求，应以不损害经济发展为原则开展碳排放长期控制。

第三，碳中和的必要性在《巴黎协定》达成后新阶段的全球气候治理中开始凸显，越来越多的国家开始制定 21 世纪中叶实现碳中和的长期目标，使得各国得以自主开展气候行动，在降低温室气体排放的国际责任划分和总量分配上提高了各国气候治理的自由度，从而相比于京都时期和哥本哈根时期，当前阶段的碳中和气候治理方向较为符合各个国家（尤其是中小国家与发展中国家）的长远利

---

① 孟国碧：《碳泄漏：发达国家与发展中国家的规则博弈与战略思考》，载《当代法学》，2017（4）。

益，为气候治理带来更为明确的目标和方向。

纵观全球气候治理的历史进程，气候治理史是一场博弈史，碳中和共识是气候博弈的结果，是各国在人类命运共同体理念下所寻求的最优方案。

（二）碳中和形成全球共识的历史必然性

当前，在联合国的呼吁和带动下，大部分国家高度认可碳中和的重要性并积极开展计划研究，开启一场"零碳竞赛"（the race to zero campaign）。碳中和在 21 世纪 20 年代全球范围内迅速成为共识，具备一定的历史必然性。自气候变化相关概念和理论问世后，日渐增多的研究表明，降低温室气体排放和探索绿色低碳的跨行业经济发展模式，是缓解资源压力、保护生态环境所不可或缺的重要举措。[①] 采取合理的减排举措以应对全球气候变化对于实现人类可持续发展的可行性，是碳中和成为共识的另一项客观条件。

从国际角度来看，气候危机几乎已成为 21 世纪世界各国面临的首要危机，气候问题不仅仅体现在温室效应和全球暖化，更衍生出

---

① 靳俊喜、雷攀、韩玮、袁桂林：《低碳经济理论与实践研究综述》，载《西部论坛》，2010（4）。

一系列国际性的政治、环境、社会、经济问题。[①] 气候变化带来了不可忽视的健康风险、移民风险、生物多样性损失与灭绝风险，而人类无法改造自然，需要改变自身行动模式以适应气候。据联合国近期研究和统计，气候问题至少造成了如下影响。人口贫困：气候风险影响了减贫事业的进程，在未来十年将使全球 1.32 亿人陷入极端贫困；人口迁移：气候变化改变了生活环境，从而在 2050 年之前可能将迫使 2.16 亿人在本国迁移，而全球范围内目前迁移人口增长的 10% 与缺水有关，气候变暖造成的干旱问题将进一步提高这一比例；生物多样性与粮食危机：气温升高使农业生产者减少了日间劳作时间，并提升了中暑的风险，进而可引发粮食减产问题；极端天气：气候变化加剧使得极端天气以日益升高的频率发生，仅 2021 年就发生了罕见的西欧暴雨洪水、美国西岸高温干旱、西伯利亚山林大火、中国河南特大洪涝灾害等，已受到各国政府的高度重视和警惕。

21 世纪气候危机频发，反映了当前人类开展应对气候变化工作的局限性，包括气候行动力度不足，以及灾害预防、灾前预报、灾后治理等机制的不完善，更突出了碳中和目标下气候治理的必要性。从主观角度而言，气候危机的国际谈判和责任争议虽然贯穿于全球气候治理的演进与变迁中，但种种争议并不影响应对气候变化

---

① 谢富胜、程瀚、李安：《全球气候治理的政治经济学分析》，载《中国社会科学》，2014（1）。

和实现碳中和对于各国的实践意义，探索如何从高污染的资源消耗型社会转型为可持续发展的资源循环与综合利用型社会的过程是符合本国长远利益的，其价值超脱于国与国之间的竞争与争端。碳中和作为各国气候治理的重要目标，至少可满足三大需求：一是可持续的绿色发展模式升级满足了资源有限性下的生产需求；二是推进气候治理与生态文明建设工作令经济发展具备环境相容性；三是碳中和的发展框架在国际共识的基础上，还满足了各国自身对于自主探索气候目标实现路径的主观能动性需求。由此可见，面对日益紧迫的气候危机，实现碳中和符合国际共同利益与国内个体利益，最终具备成为 21 世纪最大共识的必然性。

（三）碳中和共识赋予各国的共同使命：
人类利益与文明存续

碳中和共识的达成是各国携手应对国际气候危机与挑战、构建人类命运共同体的要求和结果，也是各国谋求新时期发展道路与探索新阶段竞争出路的基础和前提，为世界各国赋予了攸关人类文明存续的新使命。

碳中和共识具有历史纵深感，它是自 21 世纪以来联合国主导并达成的继反恐怖主义、反贪腐洗钱后的第三个国际共识，三个共识的达成逐渐对国际社会向更和平、更平等、更安全的发展方向指引。

第一次达成的反恐怖主义[1]共识督促了各国防止和打击国际恐怖极端主义，维护国家主权与世界人民生命财产安全，维持人类文明秩序，营造和平与安全的国际发展和合作环境。

第二次达成的反贪腐洗钱[2]共识在全球经济一体化、区域经济集团化、跨国企业迅速发展的综合背景下，督促了各国减少与打击国家主权与国际资本之间的影响力交易和职权滥用等腐败行动，进而通过加强金融信息溯源和监控推动跨国金融监管体系的完善。

第三次达成的应对气候变化与实现碳中和共识则督促各国从人类存续的角度共同着力于控制 21 世纪全球气温升高以及应对一系列因气候变暖所造成的国内外各种社会、经济、环境问题，并推动金融资本从高污染的地区和行业向清洁高效领域转移。

21 世纪以来所达成的三个共识均符合世界人民的共同利益，独立于国际间的政治经济合作与竞争，各国从人类命运共同体的角度和框架下思考和探索共同的原则理念，将作为各国所开展具体行动的合法性与合理性的来源，有助于形成共同的实践原则。从碳中和共识的角度，纵观全球气候治理的演进历程，碳中和目标的提出，属于共识制约，而非路径制约，因而在维持了应对气候变化根本前

---

① 赵永琛：《国际反恐怖主义法的若干问题》，载《公安大学学报》，2002（3）。

② 张珺：《试析中国的多边制度外交——以中国参与国际反贪腐制度为例》，载《国际展望》，2009（3）。

提的基础上，缓和了过去几次气候协议下的国际责任矛盾，使得各国得以在共同价值观的指导下自主探索方法，最终在应对全球气候变化上实现殊途同归。

三、碳中和与大国博弈新规则：
基于金融与贸易视角

碳中和下的大国博弈，核心是一场资源分配的博弈，是基于碳资源的竞争和基于碳定价权的博弈。

（一）碳排放权作为稀缺资源具备金融战略属性

纵观人类文明史，用于生产活动所需的资源的稀缺性是国际竞争的源头，亦是国际关系变革的焦点，例如，第一次工业革命前以水源、土地、人口为核心竞争资源，第一次与第二次工业革命时期，以煤、石油等化石燃料为核心竞争资源，第三次科技革命则以数字技术、信息数据为核心竞争资源，在碳中和带动的新产业革命下，碳资源将成为新的核心竞争资源。

碳中和目标约束为碳排放权赋予了金融属性，使之具备金融工具的全部特性：要实现《巴黎协定》所制定的 21 世纪全球气温升高上限，就必须从总量和强度两方面控制温室气体排放量，从而令碳排放权产生了资源稀缺性，其实质是稀缺的环境容量使用权的获取，以及治理环境外部性的手段。资源的稀缺性是经济学理论的基础之一，资源合理优化配置亦是经济学处理和解决的问题。碳排放权的市场化使得国家或企业的碳排放权具备金融产品的各项属性，成为可交易、可流动的金融资产，并在碳中和共识下达成碳排放权的金融共识。

在全球气候治理整体目标下，碳排放权将长期具备战略重要性，是绿色可持续发展过程中不可或缺的核心资源，运用好碳排放权这项金融工具，建立完善的碳排放权交易体系和定价机制，将实现碳中和长期目标下的阶段性控制，在政策作用的引导下充分发挥市场作用，激励企业主体着手开展减排工作的部署和创新。而基于碳排放权金融属性所开发的金融工具与衍生产品亦推动了碳定价机制的形成，并作为碳排放权市场体系的核心。随着碳中和进程不断推进，碳价将持续升高[1]，碳排放权市场规模将逐渐扩大，碳金融在国际金融体系中提供了新的增长动力，带动了一系列政策转型、产品创新、工具开发、服务升级等，成为国际金融竞争与博弈的必争之地。

回顾农业文明和工业文明以来的生产方式与国际关系变化，大国博弈与竞争的资源载体和形式特征历经了三个阶段的演化，且在

---

① 梅德文：《碳金融面临历史发展机遇》，载《中国金融家》，2016（11）。

碳中和时代将围绕碳排放权开启国际碳竞争的规则革命（表2-2）。

表2-2　生产资源视角下的国际竞争演进历程

时期	大国竞争资源载体	大国竞争阶段性特征
工业革命前	以人口（劳动力）、土地等为主的农耕资源	农业文明下，粮食资源和农业生产是国家和文明存续的根本支柱； 四大古文明（尼罗河文明、两河文明、印度河文明、黄河文明）均起源于河流[①]，依赖于固定的水源开展农业生产活动； 大国竞争实力取决于从事劳作的人口数量与适宜耕种的土地面积
第一次与第二次工业革命时期	以煤炭、石油等为主的工业生产所需的不可再生能源	工业文明下，工业机械化生产依赖于煤炭、石油等化石能源供应； 大国竞争实力依赖于化石能源的资源禀赋，且早期受制于运输能力； 国际贸易一体化时代，石油资源定价权成为国际竞争[②]的重要领域

① 周丽晓、王姗姗、刘小才：《浅析文明古国的兴衰与地理环境的关系》，载《知识经济》，2010（18）。

② 黄一玲：《石油经济学：国际油价波动机制与我国的能源安全》，载《求索》，2013（8）。

时期	大国竞争资源载体	大国竞争阶段性特征
第三次科技革命时期	以数字技术、基础数据为主的信息资源	工业信息化时代，科技创新与生产技术决定大国实力，但信息革命催生了较大的能源和电力需求
碳中和时期	以碳排放权（核心）、低碳零碳负碳等碳中和技术、碳定价权、碳汇资源等为主的低碳资源	在碳中和时代，约束性的碳排放原则令碳排放权成为经济发展所需的稀缺资源； 工业生产模式发生转变，根本在于能源结构发生转变，风电、水电、光伏等清洁可再生能源不受制于矿产资源禀赋； 围绕碳排放权核心的碳定价权、碳汇资源成为大国竞争的重要载体

在碳中和时代，由碳排放权的金融属性所衍生的碳金融市场将成为与证券市场、信贷市场、外汇市场同等规模和地位的新兴金融市场，且围绕碳排放权所开展的碳排放定价①标准与碳汇资源市场化模式将进一步决定碳中和时代各国绿色金融业务的创新性与实用性程度。

---

① 许广永：《低碳经济下我国碳排放定价机制形成的障碍与对策》，载《华东经济管理》，2010（9）。

（二）碳中和令国力评估方式发生根本转变

碳中和革命，是一场前所未有的能源革命，它将带来化石能源文明的衰落和解体。以此为基础，碳中和也是一场生产方式和社会经济的系统性变革，是一场从工业文明走向生态文明、从工业制造走向绿色生产的转变。碳中和目标开启了能源供应方式、产业链运行机制、产品流通与供应模式等领域的绿色升级，从而能源实力、技术实力、贸易实力、金融实力的评价标准将越来越向绿色低碳、环境兼容与循环可持续倾斜，并重新定义国力评估的方式和规则。

在全球气候治理目标与碳约束下，生产方式的先进性以生产效率和环境影响为首要评价准则，带动技术和资金投入以实现降低资源消耗与污染物排放、降低每单位生产所形成的温室气体排放。从能源角度，碳中和使得煤炭、石油等不可再生资源禀赋在长期内对于国力优势的贡献程度降低，以沙特加大对绿氢和蓝氢的生产并成为氢能领域主要参与者为例，石油资源丰富的国家正寻求碳中和约束下的能源发展出路，而能源消耗的清洁转型亦改变了国际能源供应格局，令以石油霸权为基础所维系的国际关系开始解体；从生产方式角度，碳中和要求生产技术升级以提高综合质量而非产量供给为目标，生产方式的碳强度、环境影响、绿色化程度是一个国家制造业综合实力的重要评价标准，在气候治理框架下追求绿色高质量发展是实现国力升级和大国崛起的高效途径。

大国竞争力的评判规则发生转变后，以碳排放权、碳汇、碳金融、低碳产业为主的低碳资源将成为继军事实力、金融实力、信息技术之后的第四个大国竞争杠杆，并在全球气候治理格局进一步深化后成为大国实力核心以及话语权竞争载体。欧美发达国家正积极投入资源、重新订立规则以夺取气候霸权，抑制发展中国家的气候崛起。例如，美国尽管在军事和金融等方面综合实力较高，但其人均温室气体排放（15.47 吨，2020 年[1]）远高于世界平均水平（4.35 吨，2020 年），且其在京都时期与哥本哈根时期承诺的气候目标几乎均未完成，甚至一度退出《京都议定书》和《巴黎协定》，但在 21 世纪 20 年代全球碳中和共识达成后，美国已意识到气候竞争力的重要性，迅速重回《巴黎协定》并召开气候峰会意图重夺气候话语权[2]；欧盟人均碳排放（7.95 吨，2020 年）亦高于世界水平，甚至高于中国（7.69 吨，2020 年），且 21 世纪近 20 年来几乎未曾下降，但欧盟自《巴黎协定》达成以来，气候行动的力度和效果显著加强，为成员国上调减排目标、推行碳边境税（碳关税）、开展绿色债券革命，意图通过低碳减排与气候治理重振欧洲自第二次世界大战以来日益衰落的国际地

---

[1]　王文、刘锦涛：《碳中和元年的中国政策与推进状况——全球碳中和背景下的中国发展（上）》，载《金融市场研究》，2021（5）。

[2]　王文、刘锦涛：《中美在气候治理中的合作与博弈》，载《中国外汇》，2021（9）。

位。由此可见，碳中和目标下，各大国均积极把握以低碳资源为基础的大国竞争杠杆，撬动更大范围内的技术升级、资金流动和国际交流。

（三）国际经贸格局与金融博弈规则发生去碳化

生产方式与国力评估标准发生转变后，大国以追求低碳资源优势来提升竞争实力，国际经济贸易格局、金融资产增长潜力、金融资本流向趋势也以"去碳化"为核心开始改变。

国际经贸格局的去碳化发生在产品进出口和跨境流动的各个方面：

从产品进出口角度，国际贸易产品竞争优势越来越依赖于其去碳化程度，在气候危机的迫切性影响下，应对气候变化的意识和理念带动了国家、企业、个人等主体的绿色消费需求，令其倾向于进口和消费环境影响较小、具备循环可持续利用特征的绿色商品；

从产品认证角度，去碳化带来两大趋势，一是产品环境认证的重要性逐渐提升并不亚于质量认证，二是产品的碳排放水平将成为环境认证的一项重要指标，且标准越来越规范、底线越来越严格；

从跨境流通的角度，以欧盟碳边境税为首的环境类关税直接影响了高排放、高耗能产品的出口成本，颠覆出口商品国家的竞争优势，例如，我国在欧盟碳边境税下出口钢材将额外支付约 700 元 / 吨的费用，比国内吨钢利润水平高约 40%。[1] 以上各种去碳化趋势带动了国际经贸规则的转变，并逐渐重塑国际经贸的优势格局。

国际金融投资与博弈规则的去碳化则体现在碳中和背景下金融风险和收益的评判规则的转变。碳中和的时间跨度，使得未来资产的贴现价值在碳中和共识确立后迅速发生转变，在气候目标和碳约束下，企业生产经营项目、金融资产组合配置、金融机构投资活动等隐含的潜在风险和预期收益必须将气候环境因素[2]，以及因气候问题带来的一系列额外的社会经济影响考虑在内。

金融风险与收益的去碳化进一步带来了国际金融市场的两大转变趋势。一是资产评估的模式转变：风险与收益的去碳化改变了金融资产组合配置与风险对冲方式，金融机构倾向于提高资产组合中绿色低碳资产的比例，而开展高排放和高污染生产项目的企业则必须考虑持有一定的绿色资产来开展风险对冲；二是国际资本的流向转变：去碳化将成为国际金融资本流向的一个长期趋势，金融机构配置跨境投资的方向将从高碳项目转向低碳项目，且国际金融资本在区域之间的流动将从灰色市场转向绿色市场。

---

[1]　陈政：《碳边境调节机制将推动世界经贸格局重构》，载《中国能源报》，2021 年 9 月 20 日。

[2]　赵伟勋：《投资环境对金融投资管理重要影响和促进》，载《现代商贸工业》，2015（15）。

表 2-3　碳中和背景下金融与贸易领域的竞争规则演变特征

领域	去碳化特征	大国竞争原则与特点
国际贸易	产品出口质量与进口检验将与产品的碳足迹挂钩； 国际产品的品牌塑造将重视环境责任宣讲； 碳排放量与碳足迹以国际碳顺差[①]与碳逆差的形式开始成为贸易进出口核算对象	大国借助碳关税开展贸易竞争，打压制造业国家与出口国家； 碳关税[②]引发碳排放生产主体企业的跨国迁移； 生产者原则下的"隐含碳"[③]问题引发国际气候治理与减排责任的归因矛盾和大国谈判[④]
金融	投资：由高碳领域逐步撤出转向低碳领域； 融资：项目和主体的环境适应性成为融资的决定因素； 市场：资金向绿色标准同一、环境披露完善、开发程度高的绿色金融市场聚集；	大国逐渐建立绿色金融中心，提高对国际绿色游资的吸引力； 以资产抵押和信用等级等为主的资金借贷开始发生升级，信用主体的环境适应性对信贷能力起重要决定作用；

---

① 彭水军、张文城：《贸易差额、污染贸易条件如何影响中国贸易内涵碳"顺差"——基于多国投入产出模型的分析》，载《国际商务研究》，2016（1）。

② 蓝庆新、段云鹏：《碳关税的实质、影响及我国应对之策》，载《行政管理改革》，2021（11）。

③ 李峰、胡剑波：《中国产业部门隐含碳排放变化的影响因素动态研究——基于细分行业数据的实证分析》，载《经济问题》，2021（11）。

④ 蒋雪梅、刘轶芳：《全球贸易隐含碳排放格局的变动及其影响因素》，载《统计研究》，2013（9）。

领域	去碳化特征	大国竞争原则与特点
	产品创新：运用金融创新提高低碳资源的市场化水平； 标准：绿色项目和资产认定从环保原则升级为绿色低碳原则	国际绿色项目标准的话语权直接决定了某些领域未来的发展前景，令某些国家优势项目缺乏国际融资吸引力； 通过建立绿色标准上的限制来控制绿色资金的国际流动
能源	能源消费逐渐摆脱化石燃料的资源束缚； 清洁能源发展水平逐渐替代不可再生能源禀赋成为国家能源保障实力的主体	以石油资源竞争为主体的国际竞争体系发生转变，石油定价权不再成为国际霸权； 清洁能源产业的技术竞争与产品进出口带动能源产业的国际竞争优势
工业生产	生产技术的绿色升级：提高资源利用率、降低污染物排放、降低能耗； 生产过程中开展清洁能源对化石能源的替代	面对产业链转移[①]，制造业国家开展绿色生产技术升级应对碳关税等国际绿色贸易竞争

---

① 周亚敏：《环境规制与产业链转移的关系辨析——基于产业链完整性和安全性视角》，载《城市》，2021（5）。

领域	去碳化特征	大国竞争原则与特点
信息披露	产品认证：碳排放与能耗评价将同时作为产品质量认证规范； 生命周期碳足迹[1]将引入企业、产业链[2]、产品的环境披露	大国争夺信息披露标准的制定权，以符合自身利益、提高自身评价水平为目的制定披露项目；掌握碳排放历史数据库的权威性将成为大国评判其他国家碳排放量与应对气候变化的依据

自碳中和目标成为共识后，去碳化趋势涉及贸易、金融、能源等多个领域的行业认定、标准制定、规则约定、市场准入门槛等，而这些领域却缺乏共识，国际分歧较大，并成为国际竞争和博弈的重要战场。未来在碳中和共识下的相关规则与标准之争，将面临着相当严峻的国际谈判。对碳排放大国而言，占据先机和话语权，是掌握全球低碳发展领导权的前提与基础。

---

[1]　王微、林剑艺、崔胜辉、吝涛：《碳足迹分析方法研究综述》，载《环境科学与技术》，2010（7）。

[2]　何文韬、郝晓莉、陈凤：《基于生命周期的新能源汽车碳足迹评价——研究进展与展望》，载《东北财经大学学报》，2021（11）。

四、大国博弈带来的国际竞争矛盾与不确定性

历次工业革命分别带动了国内社会关系与国际竞争关系的转变，而在碳中和共识下，第四次产业经济变革下的新规则和新标准再一次改变了大国竞争优势的评判方式以及国际关系的往来准则，甚至激发了新的国际矛盾。

虽然应对全球气候变化是 21 世纪各国高度认可的共同目标，但在责任划分、合作方式、利益分配等方面依然潜在多元化的不确定性，为下一阶段的全球气候治理带来更多的复杂性与曲折性。

（一）经贸去碳格局下的大国竞争与合作：
气候责任的分配问题

碳中和共识下的国际竞争侧重于正视碳资源的稀缺性，而气候治理背景下的国际关系和矛盾则侧重于应对气候外部性的成本分配问题，也包含气候责任的划分问题，对于责任归属的博弈和谈判，大国话语权往往又受到综合国力和国际地位的多重影响。

具备去碳化趋势的国力评估方式和经贸格局的转变，在未来将迅速颠覆现有的国际竞争与合作关系，而碳中和目标亦将左右大国交往格局。

从大国合作关系角度，共同发展和普遍繁荣是全球合作的重要

原则，碳中和共识下的人类命运共同体属性带动了大范围的国际碳减排与绿色产业经贸合作。气候合作独立于其他领域的国际竞争已成为包括中美在内大部分国家的一项新共识[①]，以中、美、欧等为首的温室气体排放量占比较大且历史责任较重的国家与地区，正逐渐掌握气候治理举措、低碳减排路径等标准和评价的先声话语权，其在气候议题上的影响力日益提升，带动了中小国家持续关注中美和中欧气候合作动态来制定自身气候行动规划。而气候治理责任的分配及话语权[②]争议亦在区域范围内推动发展中国家组建利益共同体，一是表达发展中国家存在的面临应对气候变化的同时不牺牲经济增长的特殊诉求，共同在气候谈判中争取合理权益；二是以互利共赢、风险共担、成果共享为准则开展发展中国家内部气候互助、技术流通、绿色贸易关税便利等，逐步降低对发达国家的资金和技术依赖。

从日渐转变的大国竞争关系角度，大国之间在工业时代资源禀赋和生产规模的竞争，正通过气候目标与碳约束转化为生产效率和环境影响的竞争，在国际经贸去碳化的背景下，去碳化的国际贸易进出口激化了跨国碳转移矛盾。例如，根据世界银行的测算结果，中国自 2002 年加入 WTO 以来，参与贸易全球化的程度不断加深，

① 康晓：《多元共生：中美气候合作的全球治理观创新》，载《世界经济与政治》，2016（7）。

② 李昕蕾：《全球气候治理中的知识供给与话语权竞争——以中国气候研究影响 IPCC 知识塑造为例》，载《外交评论（外交学院学报）》，2019（4）。

而每年基于生产活动测算的碳排放要明显大于基于需求活动测算的碳排放，尤其自2005年以来每年高出10多亿吨，即由生产活动产生的碳排放中有10%—20%的部分随贸易活动转移到国外，主要流入发达国家。[①]碳转移的归属争议和碳排放责任的划分争议将成为《巴黎协定》时代大国气候竞争与博弈的一项重要矛盾，而不厘清权责范围则无法在国际合作中谈论平等和互利。

从减缓气候变化的成本分配问题角度，各国在应对气候问题中面临的一个重要问题是气候投资的机会成本，在政策资源、金融资源、科技资源等有限的前提下，气候责任分配令各国不得不考虑将时间和资源投入其他产业，还是投入当前气候投资以履行气候治理责任，并投身于国际低碳竞争之中（采取适用于气候变化的成本收益分析开展评估）。为此，发达国家和不发达国家面临的难度存在差异，无论气候责任如何分配，发达国家总能以自身的资源优势和政治实力开展符合自身利益的气候行动，而部分不发达国家限于客观条件无法开展气候行动，成为气候责任分配下无意识、无自主的搭便车问题，继而带动国际间气候合作与支援的进一步谈判。此外，不完善的国际气候合作与支援模式还会带来额外的国际问题——各国气候治理进程透明化差异产生的信息不对称所引发的逆向选择和

---

① 李继峰、郭焦锋、高世楫、顾阿伦：《国家碳排放核算工作的现状、问题及挑战》，载《发展研究》，2020（6）。

道德风险问题：前者意指那些即便获得资金也难以有效开展气候行动的国家积极寻求国际气候援助的行为，后者则意指那些获得了国际气候资金支持的国家没有将其落实到位的行为。

（二）气候竞合关系下的外交缓和与紧张：
气候治理的效率公平

从分配视角，气候治理的效率公平是气候谈判的另一大核心问题，即是否应让部分国家按照工业化阶段经济发展效率和质量开展气候治理行动，争论的焦点在于应对气候变化应更注重人与人的权利平等，还是国与国的权利平等。

在气候变化的人类命题属性下，国际气候合作，包括气候投融资、低碳技术研发、绿色贸易流通等，不仅基本独立于国家之间的政治争端、外交纷争和产业竞争等领域，更几乎不受制于意识形态、宗教形态、地缘政治等限制，即使是原本存在矛盾冲突的国家，对于气候领域存在的利益重叠（当前以共同推进 21 世纪中叶全球碳中和终极目标为核心）也在一定程度上缓和了彼此之间的紧张关系和局势，并利用带动经济社会系统性变革的绿色产业撬动各个领域国际合作的战略重启。

气候合作具备互利共赢的属性，而气候竞争也并非零和博弈，良性的国际气候竞争并不存在结构性利益冲突，但气候竞争与合作关系一旦偏离正常轨道，将沦为发达国家的政治手腕和施压工具，在全球气候治理大框架下带来针对性的紧张格局：

第一，发达国家可能运用世纪目标下气候问题的国际道德压力迫使发展中国家开展较为激进的气候行动，而发达国家在完成工业化后才开启气候与环境治理，其工业革命时代累积的温室气体排放正是当前气候问题的主要来源，但并未承担相应的责任（例如，美国表示将"按照自己的方式解决排放限制问题"），却要求发展中国家共同参与应对，而发展中国家面对该责任错配问题，因受制于大国的金融、军事、科技实力，难以发声维护合理权利，从而激化了国际气候矛盾。

第二，国际气候竞争不存在公平裁判，以美国为例，部分发达国家所制定的气候承诺没有第三方保证，缺乏足够的诚意，有些并不具备长期性和实操性，美国甚至可轻易退出《巴黎协定》而几乎不需要为此负责，这反映了大国气候行动缺乏相应的担保机制和惩罚机制。

第三，碳排放与碳减排的影响具备不可逆属性，一是碳排放本身对环境的影响不可逆，若以美国为首的任何国家未能兑现减排承诺，该后果将由全体国家共同承担；二是碳减排行动对于经济发展造成的影响也是不可逆的，若部分发展中国家在气候问题上走错方向，甚至盲目制定目标和行动方案，将不仅无法实现经济高质量绿色发展的基本目标，更将在气候治理时代的全球竞争格局中再度身处落后地位，甚至激化为一系列的国际问题和争端。以上多种气候矛盾，为 21 世纪上半叶潜在的大国紧张关系埋下了新隐患。

（三）低碳评估模式下的国力衰弱与重振：
　　　碳价与气候经济悖论

国力评估以低碳为标准发生转变后，掌握碳资源和碳定价权是提升碳中和时代综合国力的战略核心。

碳价衡量的是碳排放权的社会成本，碳价向消费者发出信号：哪些商品和劳务具备高碳属性（纳入碳市场的企业和行业）；亦向生产者发出信号：哪些行业的投入具备低碳属性？掌握了碳定价权、控制碳市场平稳发展，将有助于在合适的时机通过碳价来激励创新者开发和引进取代当前技术的低碳产品和工艺。

以碳资源和碳价的争夺为基础，辅之实现资源利用、生产技术、贸易流动、金融投资等领域的低碳化（清洁技术、净零排放技术）也是国家转型和实力提升的重要途径。在气候治理与碳中和目标约束下，全球大部分国家在清洁与可持续发展领域均处于同一起步阶段。新领域、新起点、新规则开启了新一轮国力形势与格局的转变，即部分发达国家将会因气候行动和技术转型的滞后走向衰落，而部分发展中国家通过探索绿色高质量发展之路实现重振。

处理好碳中和共识下的气候与经济悖论亦将为发展中国家提供

战略机遇。在以化石燃料为基础的经济生产活动中，碳排放权即是发展权，没有减排措施的经济增长将引发严重的气候变化问题，但注重环境影响并延缓排放将导致经济发展滞后与贫困，该悖论与矛盾会引发国际政治谈判和博弈，但其问题并不聚焦于经济发展和气候治理的选择上，而是如何通过修复气候变化产生的全球外部性。发展中国家处理好气候经济悖论问题以及气候外部性问题，将在新阶段的碳中和全球变革中占据发展模式上的优势。

对部分经济体量较大、已实现工业化的发达国家而言，因受制于原有的生产方式、产业利益格局等，其经济发展模式已经成型，面对日益临近的气候目标，短时间内开展低碳转型的成本和压力较大，难以将气候目标内化到具体的发展模式和生产方式上。相反，部分发展中国家与新兴经济体在绿色发展领域具备较高的可塑性，不仅无须重走发达国家"先污染，后治理"①的模式，更可在正确处理社会经济增长与生态环境保护关系的前提下探索兼具资源高效利用、污染物排放控制、经济高效率发展的特色发展模式，将低碳经济视为现实选择②，提升碳中和目标下的新型综合国力，实现气候治理新阶段下的大国崛起与重振。

---

① 徐志伟：《工业经济发展、环境规制强度与污染减排效果——基于"先污染，后治理"发展模式的理论分析与实证检验》，载《财经研究》，2016（3）。

② 王军：《低碳经济：发展中国家的现实选择》，载《学术月刊》，2010（12）。

政策转变

第二篇

本篇导语

在碳中和理念的重要意义得到深化后，中国迅速开启了包含工业生产、能源供应、金融创新等各个领域在内的一系列政策升级，可谓世界历史上最大的一次碳减排与社会经济低碳转型运动。

在顶层设计与行业规划的指导之下，实现碳中和的核心在于对"碳"元素流动的控制和运用，绿色金融是碳中和与绿色发展的货币化表达，碳核算则是追溯碳元素流向的前提，碳金融则是碳元素市场化的手段……种种规则的探索与建立，意味着一个围绕着碳中和的新政策体系正在酝酿而生，是中国未来经济实现高质量发展并提高环境兼容性所遵循的重要模式。

03 Chapter 3

碳中和下的政策转型：
顶层设计、行业布局、地方推进

在双碳顶层目标带动下，党中央及国务院各部委先后出台了一系列以碳中和为导向的重点政策，推动各部门按照顶层指引开展自身特色减排工作，不断开展能源结构合理优化、传统产业绿色升级、资源利用效率提升、绿色低碳技术创新、服务贸易低碳转型等工作。

2021 年上半年，各省市积极响应国家双碳目标号召，纷纷在地方"十四五"规划中确立了做好碳达峰、碳中和工作以及制定实施碳排放达峰行动方案的整体目标，并在多个领域中分别推出重点行业碳排放达峰行动路径的重要对策，成为"十四五"期间地方生态文明建设的最重要组成部分。

碳中和，行业界在行动：在国家碳中和政策布局的指导和推动下，中国各行业部门充分利用现有的环境条件，科学统筹排放主体、执行主体、市场主体以及配套的一系列软硬件资源主体，规划并执行阶段性减排策略。

碳中和，金融界在行动：中国人民银行主动引导绿色金融服务于 21 世纪低碳经济发展，金融机构参与绿色融资的积极性和主动性持续提高，开启了一场以双碳目标为导向的绿色金融政策升级、服务升级、工具升级。

碳中和，研究界在行动：各高校与企业科研院所的广大学者纷纷启动碳中和的理论和实践研究，丰富和充实双碳基础科学研究工作；国内各大知名研究机构分别从各自行业的视角相继发布与碳中和相关的研究报告，为近期碳达峰行动计划与长期碳中和低碳转型部门战略提供重要建议；人大重阳发布全球首个双碳监管平台，这将助推全国及地方碳达峰、碳中和阶段性目标的监测和评估。

一、碳中和纳入顶层设计与战略部署：
生态文明的新起点

自 2020 年 12 月中央经济工作会议首度将"做好碳达峰、碳中和工作"作为重点任务起，中央高度重视新阶段的生态文明建设工作。

2021年10月24日，《中共中央国务院关于完整准确全面贯彻新发展理念做好碳达峰碳中和工作的意见》发布，提出"实现碳达峰、碳中和，是着力解决资源环境约束突出问题、实现中华民族永续发展的必然选择，是构建人类命运共同体的庄严承诺"。

2021年10月26日，国务院印发《2030年前碳达峰行动方案》。提出在"十四五"期间，产业结构和能源结构调整优化取得明显进展，重点行业能源利用效率大幅提升，"十五五"期间，产业结构调整取得重大进展，清洁低碳安全高效的能源体系初步建立。

碳中和元年，包含《政府工作报告》"十四五"规划在内的一系列顶层指导均强调了如期实现碳达峰、碳中和目标的重要性和必要性，将双碳目标融入新发展理念之中，真正做到了站在人与自然和谐共生的新高度来谋划中国未来的经济社会发展。

二、各部委积极响应并相继出台碳中和重点政策

综合碳中和的国际形势，中国虽然在碳减排工作上取得了一定的进展，但在碳中和相关产业升级转型领域尚处于初期路径探索阶段，地区发展和资源禀赋存在不均衡，各产业减排难度亦有差异。

碳中和目标提出一年间，国务院各部委积极响应中央关于双碳目标的顶层设计与战略部署，先后制定并出台了一系列以碳中和为导向的重点政策，在双碳目标推动下不同领域的减排工作有序开展。

2021年7月24日，在主题为"全球绿色复苏与ESG投资机遇"的全球财富管理论坛2021北京峰会上，中国气候变化事务特使解振华表示："党中央国务院已经成立了碳达峰碳中和工作领导小组，正在制定碳达峰碳中和时间表、路线图，1+N政策体系将陆续发布指导意见，这是顶层设计。它涉及碳达峰、碳中和全国和各个地方、各个领域、各个行业的政策措施。"

在顶层设计的指导下，各部委陆续开展的碳中和政策布局将为各行业提供带动和引领，推动各部门按照顶层指引开展自身特色减排工作，不断开展能源结构合理优化、传统产业绿色升级、资源利用效率提升、绿色低碳技术创新、服务贸易低碳转型等工作。由此可见，碳中和在中国是一场涉及各行各业且自上而下的全面绿色转型，不仅中央层面进行了宏观战略部署，更获得了涉及能源、工业、交通、环境、科技等近乎所有行业部门的全面配合，以及金融体系所提供的与之匹配的绿色金融资源支持。

三、各省市积极布局"十四五"地方双碳规划

2021年上半年，各省级行政区相继出台了地方国民经济和社会

发展第十四个五年规划和 2035 年远景目标纲要，"十四五"时期不仅是中国全面建成小康社会后开启全面建设社会主义现代化国家新征程的历史性转折点，更是碳中和目标提出后的历史性关键时期，直接决定了 2030 年碳排放达峰能否如期完成，以及 2060 年碳中和路径规划设计能否科学建立。为此，各省市积极响应国家双碳目标号召，纷纷在"十四五"规划中确立了做好碳达峰、碳中和工作以及制定实施碳排放达峰行动方案的整体目标，并在多个领域中分别推出重点行业碳排放达峰行动路径的重要对策，成为"十四五"期间地方生态文明建设的最重要组成部分。

各省市"十四五"规划中关于碳达峰、碳中和目标的重点目标和对策反映了双碳目标在地方层面所存在的共同点与地方特色。

双碳目标的地方共性在于，在"十四五"经济社会发展主要指标的发展目标中，各省市均建立了单位地区生产总值能耗和二氧化碳排放降低完成国家下达的约束性指标，实现总量和强度"双控"，并承诺在"十四五"期间制定地方达峰行动方案，推动双碳工作进入实质进展阶段。而双碳目标的地方个性则在于，地区重点对策和路径具备一定的地方特色，例如，上海依托金融中心优势完善碳交易市场并开展国家气候投融资试点，山西加快煤炭绿色清洁高效开发利用，海南积极研究推进海洋碳汇工作，内蒙古、甘肃、青海大幅提高清洁能源的生产和消纳等，有助于因地制宜地开展地区减排工作，共同推动全国范围内的绿色发展良性循环。

由此可见，各级政府与各省市作为双碳目标工作的执行主体，正开展不同的减排对策。从国家层面提出碳中和顶层设计，以及各部门、各行业探索可执行的行动方案与达成路径后，具体工作将落实到各省市。中国的经济发展在地区之间存在显著的差异，对应的资源禀赋、能源结构、产业政策等也均具有区域特色与历史特征。

具体而言，从碳排放的角度，中西部地区在产业经济发展的质量和效率上有所不足，且地方环境政策的约束力不强，加之部分企业自东向西进行"污染转移"，使得中西部地区的碳排放强度远高于东部发达地区。同时，碳排放也存在显著的城乡差距，目前城市碳排放贡献占比超过80%[1]，其总量和人均排放都明显高于农村地区。在地区差异下，各省市"十四五"规划反映了中国的碳中和实现方式正以"因地制宜"为原则[2]，短期内先达峰带动后达峰，长期内推动全国范围内如期实现碳中和。

在国际碳中和绿色竞争的大环境下，各省市积极开展国内碳达峰减排良性竞争，并从沿海发达地区开始向中西部地区辐射，带动"西部绿色开发"，彰显了双碳目标下的地区执行力与行动力。

---

① 刘竹：《哈佛中国碳排放报告2015》，2015年5月。

② 向家莹：《多省市"十四五"加码碳达峰布局》，载《经济参考报》，2021年1月19日。

四、重点排放行业加快制定绿色转型与低碳减排路径

在国家碳中和政策布局的指导和推动下，中国各行业部门根据其碳排放占比情况以及 2060 年碳中和基准减排情形，正以双碳目标为导向积极探索各自的特色减排路径。综合各类研究机构碳排放量统计分析报告，碳中和一周年之际各行业部门碳排放占比及减排路径市场预期（表 3-1）可基本反映中国低碳减排的行业进展现状。

表 3-1　双碳目标下中国各行业部门碳排放占比及减排路径

行业	排放占比	基准情形下的主要减排路径		对策建议
电力部门	40%—45%	发电部门	在发电侧提高光伏、风电等清洁能源装机量，确保 2030 年碳达峰前非化石能源占一次能源消费比重每年提升 1 个百分比	2060 年清洁能源供应占比应提升至 80%，剩余部分通过碳捕捉等方式实现中和
		电网输送	在输电侧构建智能电网与能源互联网，加快清洁能源同步并网	
		用电部门	在用电侧加快工业用电取代煤油气，提升清洁能源消费并稳定降低电价，发展绿证交易	

行业	排放占比	基准情形下的主要减排路径		对策建议
工业与制造业	25%—35%	设备升级	开展具备低碳高效特征的生产设备升级置换，改革折旧规则	争取2022年前石化行业达峰，2025年前钢铁碳排放达峰，2060年实现工业碳排放较2020年降低70%—80%
		生产加工	提高生产过程中电能消费占比，开发绿色工业园区以加强绿色产业链供应链联系	
		金属冶炼	以钢铁为主，去产能以实现粗钢产量达峰，推广电炉冶炼设备，推广氢能冶炼技术	
		石油化工	行业联合开展石油产品上下游产业链低碳化，同步推广碳捕集、利用与封存项目	
交通运输	7%—9%	公共交通	达峰前各市提升城镇公共汽电车覆盖率至90%—95%	应推动汽车与交通行业2028年提前达峰，2060年实现核心城区新能源汽车与配套设施全覆盖
		家用车	提升新能源乘用车市场份额占比年增0.5—1个百分点，创新电池技术降低平均耗电，重新优化城市新能源充电桩布局	
		物流运输	新能源运输车逐步替代燃油运输，提高快递业绿色循环包装覆盖率	
建筑业与建筑部门	10%—15%	建筑耗材	完善绿色建材标准与分类，建立标识管理系统	争取2060年碳中和时期城镇商业绿色建筑覆盖率达70%—90%
		建筑建造	确保达峰前新增绿色建筑面积占比达70%—90%，有序推进符合年限的存量建筑开展低碳改造	

行业	排放占比	基准情形下的主要减排路径		对策建议
		建筑使用	推广光伏设备在商用建筑中的应用，引入建筑节能低碳循环系统	
农业	3%—7%	农业生产	降低化肥施用，提升土壤固碳水平，提高清洁能源农业机械装机量，发展新型绿色农业生产合作社	在碳中和时期提供自然碳汇贡献，开展碳汇市场化
		林业碳汇	确保 2030 年达峰前森林蓄积量年均增长 1 亿立方米以上，持续开展经营型碳汇和造林型碳汇	

资料与数据来源：根据公开报告与资料整理

结合国内地区与行业形势，中国在实现碳达峰与碳中和上存在技术可行性，并在政策环境与产业经济环境上也具备实现减排目标的基本面，相关目标总体可控。

在碳中和目标提出一周年后，各行业部门充分利用现有的环境条件，科学统筹排放主体、执行主体、市场主体以及配套的一系列软硬件资源主体，规划并执行阶段性减排策略。

具体来看，电力行业目前是中国碳排放的最大来源，以火电为主的电力部门目前约占社会总排放量的四成（2019 年占比为 43%[①]），

---

① 李学磊：《我国应对气候变化和推动低碳发展取得显著成效》，新华社，2020 年 9 月 27 日。

工业与制造业生产活动则为第二大碳排放来源，与电力部门合计贡献了中国碳排放总量的70%—80%。尽管中国2019年碳排放强度相比2005年降低了48.1%，提前完成2015年提出的40%—45%的目标，但以电力和工业为主的高排放产业目前依然面临严峻的减排形势，尤其是在去产能目标总体有限的情况下，若不进一步加以转型与升级，高碳产业的碳中和之路可能会遇到瓶颈。

为此，在碳中和目标提出一周年之际，中国正加快工业应对气候变化目标任务和工业低碳行动方案的制定，并在"十四五"期间进入实操阶段，推动钢铁、建材、石油化工等重点排放行业在"十四五"前期综合各自的产业结构、绿色低碳创新技术、碳排放交易模式等方面，尽快制定重点行业碳达峰路线图，形成能在企业之中大范围应用和推广的重点排放行业减排高新技术，并在不同规模的企业中成本可控、效益可观。与此同时，为持续优化能源结构，中国顺应国际清洁能源发展潮流，在过去十年间显著提升了可再生清洁能源在发电总量中所占的比重，近年占比年均提升1个百分点以上，新增非水可再生能源装机总量领跑全球，建立起中国优势可再生能源产业集群，并逐渐形成中国特色能源结构优化方式。

五、各类研究机构广泛开展碳中和理论与实践探索

碳中和目标作为中国社会主义现代化建设的重要顶层指引，已

受到学术界、智库界、行业协会等的高度重视，各高校与企业科研院所的广大学者纷纷启动碳中和的理论和实践研究，重要成果正呈指数式增长。据不完全统计，碳中和目标提出一年间，以碳中和为主题的中文学术期刊论文已发表近千篇，广泛涵盖能源转型、低碳建筑、绿色金融、碳排放情景分析等研究方向，不断丰富和充实双碳进程下的基础科学研究工作。

同时，包括全球能源互联网发展合作组织[①]、德勤管理咨询（上海）[②]、红杉中国[③]、清华大学气候变化与可持续发展研究院[④]、高瓴资本、北京绿色金融与可持续发展研究院[⑤]等在内的国内各大知名研究机构也分别从各自行业的视角相继发布了与碳中和相关的专业研究报告，为如何将绿色低碳转型融入可持续高质量发展之中进行了科学而深入的探讨，为近期碳达峰行动计划与长期碳中和低碳转型部门战略提供了重要建议，成为各行业部门得以参考的第一

[①] 全球能源互联网发展合作组织：《中国 2060 年前碳中和研究报告》，2021 年 3 月发布。

[②] 德勤管理咨询：《2030 碳达峰，2060 碳中和：再造企业可持续发展创新力》，2021 年 6 月发布。

[③] 红杉中国：《迈向零碳——基于科技创新的绿色变革》，2021 年 4 月发布。

[④] 清华大学气候变化与可持续发展研究院：《中国长期低碳发展战略与转型路径研究》，2020 年 10 月发布。

[⑤] 北京绿色金融与可持续发展研究院：《迈向 2060 碳中和——聚焦脱碳之路上的机遇和挑战》，2021 年 3 月发布。

手资料。

此外，2021 年 7 月，生态环境部将碳达峰、碳中和首次纳入中央环保督察，并发布了开展碳排放环境影响评价试点的通知，推动研究碳排放量核算方法和环境影响报告编制规范的制定，为相关碳排放数字监测平台的建立带来前景与机遇。为此，2021 年 7 月 11 日，在生态文明贵阳国际论坛绿色金融主论坛上，中国人民大学重阳金融研究院发布了与东方国信联合开发的全国首个碳达峰、碳中和监测管理平台（双碳监管平台），将助推全国及地方碳达峰、碳中和阶段性目标的监测和评估，亦彰显了金融界、科技界积极应对气候变化实践探索的主动性与行动力。

04 **Chapter 4**

碳中和与金融业的绿色升级

 2021 年可称为中国发展的"碳中和"元年，也是绿色低碳经济全球竞争的元年。从国内看，2020 年 9 月，中国首次提出了"2060碳中和"目标，与 2030 年碳排放达峰共同组成"30·60 目标"；中央经济工作会议正式把"做好碳达峰、碳中和工作"作为 2021 年八大任务之一，中国人民银行也把"落实碳达峰碳中和重大决策部署，完善绿色金融政策框架和激励机制"作为 2021 年十大工作之一。从国际上看，2020 年，欧盟、日本、韩国等主要经济体相继宣布 2050年前后实现"碳中和"，其他 100 多个国家也都作出了同样的零碳承诺，12 月 12 日联合国及有关国家倡议举办 2020 气候雄心峰会将"碳中和"事业的呼吁推向了高峰。21 世纪第三个十年，"全球绿色低碳经济之战"① 已正式打响。

2021 年正值"十四五"规划的开局之年，"碳中和"目标首次成为央行工作的重要导向，并在未来推动金融资源逐渐向绿色领域倾斜，引导绿色金融服务于 21 世纪中国低碳经济时代全面发展。本书认为在未来数年内，中国将继续加大对绿色项目的重点支持和投入，推动绿色金融与碳市场的协同发展，并在"十四五"期间的可持续发展之中占据重要地位。

一、金融资源将逐渐向绿色领域倾斜

2020 年，我国绿色信贷余额规模超 11 万亿元，居世界首位；同时，根据 Wind 数据库，2020 年我国境内金融市场累计发行了 276 只 CBI 贴标绿色债券，发行规模合计 2193.61 亿元，而绿色债券存量规模也在 1 万亿元以上。

---

① 王文、刘锦涛：《"全球绿色低碳经济之战"打响》，载《中国银行保险报》，2020 年 12 月 17 日。

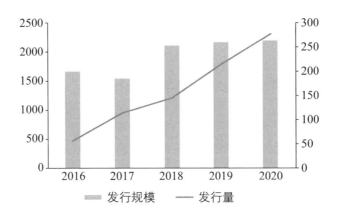

图 4-1　2016—2020 年符合 CBI 标准的中国境内绿债发行规模
与发行量统计图（单位：亿元）

数据来源：气候债券倡议组织（CBI）公开数据、
中国金融信息网绿色金融数据库

　　如图 4-1 所示，自 2016 年起中国境内绿债发行量逐年稳步提升，中国的绿色金融经过短短几年发展，继续领跑全球。[①] 然而，从整体发展状况看，中国绿色金融事业依然处于起步阶段，尚存在发展不充分、标准不完善、资源不平衡等问题，需要得到进一步的规范和指引，并明确自身对于绿色低碳经济的服务职能。根据央行的工作计划，未来几年内，央行将大力推动我国金融资源向绿色领域倾斜，满足日益增长的绿色产业、绿色项目、绿色技术、绿色设施

① 　王文、曹明弟：《"绿色金融的全球旗手"》，载《中国金融》，2018（2）。

等主体的金融需求，具体分为七个方面：

（一）信贷资源进一步向绿色项目倾斜

2021 年，我国绿色信贷融资余额规模继续保持在 10 亿—11 亿元级别，占绿色融资总额的 90% 以上，为绿色产业的发展提供了强有力的资金支持，信贷余额相比于 2013 年末已增长了近一倍（如图 4-2 所示）。在央行大力推动下，我国未来的金融信贷资源将逐渐向绿色领域的企业和项目倾斜，从根源上推动绿色产业的发展，为绿色投资与绿色产业穿针引线。

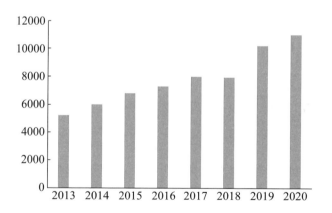

图 4-2　2013—2020 年中国绿色信贷余额规模（单位：亿元）

数据来源：中国人民银行、银保监会等公开数据

在央行2021年十项重点工作之中，第二项强调了"构建金融有效支持小微企业等实体经济的体制机制"以及发展普惠政策，表明今后金融信贷资源在向绿色领域倾斜的同时，还将进一步加强对于小微企业的扶持。因此，小微企业需要抓住小微信贷与绿色信贷的发展良机，积极参与到绿色领域中。同时，需要解决和改善一些主要问题，首先，金融机构方面限于资源局限性，难以主动判断小微企业是否在开展绿色项目以及进行绿色经营，亦缺乏小微企业的环境信息披露体制以及相应的科学统一的评价标准体系，且相关评价方法较为困难（例如，第一产业）；其次，小微企业较少主动申请绿色信贷，部分企业没有需求，部分企业没有及时意识到自己在从事绿色项目而错失了获得绿色融资的关键机遇，更有部分企业缺乏绿色融资积极性（例如，不满足碳排放权交易办法中规定的年排量2.6万吨门槛的企业无须关注减排问题）。[①]

　　绿色信贷未来需要逐渐向中小微企业下沉，不仅仅局限于大型企业，要广泛满足社会各界的绿色融资需求。在此基础上，未来还需加强相关标准的认定，以大框架为核心基础，对不同规模和行业的企业添加相应的特色规范，同时广泛做好中小微企业的绿色普及宣传工作。

---

　　① 李菁昭：《绿色金融视角下缓解小微企业融资难问题创新研究——以江苏省10家小微企业为例》，载《湖北经济学院学报（人文社会科学版）》，2016（9）。

（二）金融机构不断提高绿色金融业务规模

"碳达峰"与"碳中和"的重要目标为我国绿色金融增添了新的使命与机遇，各金融机构也越来越有探索和开展绿色金融业务的积极性。

近年来，几大国有银行积极践行绿色发展理念，努力用金融发展推动经济绿色转型。截至 2020 年年末，中国工商银行绿色贷款余额已达 1.85 万亿元，较年初增加 2200 亿元[1]，绿色信贷规模在各大银行中排名第一，广泛投入清洁能源与绿色交通等领域，并在信贷审批中严格控制环境风险，实施环保"一票否决制"，同时整合政府、银行、三方机构的金融数据信息，进行贷后风险的数字化与自动化管理；建设银行则充分发挥基建融资领域的优势地位，引导信贷资金投入清洁交通、绿色基建项目中去，同时不断创新推出"节能贷""环保贷"等绿色金融产品，搭建"智汇生态"绿色金融服务平台[2]；中国农业银行主动探索"绿色银行"发展之路，秉持着"绿水青山就是金山银山"的发展理念，用绿色金融守护"绿水青山"[3]，

---

[1] 张文婷、李彤：《工行积极发展绿色金融践行绿色发展理念》，人民网，2021 年 1 月 8 日。

[2] 王浩：《用金融手段推进全面绿色转型》，载《中国金融》，2021（2）。

[3] 李明贤、刘海琳：《中国农业银行绿色信贷业务开展的制约因素研究》，载《湖南财政经济学院学报》，2019（4）。

不断完善绿色信贷政策和指标体系，建立绿色信贷考核评价机制，并在绿色信贷余额超过 1 万亿元的规模下保持了 0.3% 左右的极低贷款不良率，同时也注重为小微企业和民营企业的绿色项目提供绿色融资服务；中国银行则充分发挥其在国际领域的影响力，在境外成功发行多个币种的气候债券以及绿色债券，募集资金用于各类清洁能源发电项目和绿色低碳基建项目等，在国内不断加大对流域治理、生态修复、环境保护等项目的金融支持。[①]

未来大银行将继续广泛发挥绿色债券相比于普通债券所具有的高审批效率、良好声誉、低违约率、低融资成本等优势，逐渐建立多元化绿色金融服务体系，推动绿色金融的制度改革与产品创新。此外，还需要进一步发挥政策性银行的引领作用，并鼓励更多的中小银行、区域性城市商业银行、非银行类金融机构等积极参与到绿色金融发展中来。

（三）更多金融政策向绿色领域聚焦

2016 年中国人民银行等各部委联合发布《关于构建绿色金融体系的指导意见》后，国家与地方不断出台绿色金融领域的政策，持

---

① 王蓓蓓：《绿水青山就是金山银山 中国银行大力推进绿色金融》，新华网，2019 年 4 月 9 日。

续提升绿色金融的重要地位。

2019年12月，银保监会发布了《关于推动银行业和保险业高质量发展的指导意见》，提出银行业要以大力发展绿色金融为己任，建立健全环境与社会风险管理体系，将环境、社会、治理要求纳入ESG信息披露及交流互动。2020年5月，央行、发改委、证监会三部委以《绿色产业指导目录（2019年版）》为主要依据，制定了《绿色债券支持项目目录（2020年版）》并向社会公开征求意见，新版目录更加注重对项目环境效益的评价参考，提高绿色债券的国际化水平并推动相关规范标准的统一。

各类绿色发展政策的出台也显著增强了社会各界对于绿色融资的需求。2019年11月，发改委印发《长三角生态绿色一体化发展示范区总体方案》并提出探索绿色信贷资产证券化创新，2020年12月通过的《中华人民共和国长江保护法》进一步提高了流域生态文明建设的重要性；2019年2月，中共中央、国务院印发《粤港澳大湾区发展规划纲要》，提出要在大湾区打造宜居城市，为大湾区绿色信贷提供新的增长点，并将广州期货交易所的建立与绿色金融衍生品的开发推上日程；2019年11月，工信部和国开行联合发布《关于加快推进工业节能和绿色发展的通知》，显著强调了金融支持工业节能与绿色发展的重要意义。

与此同时，多地政府也积极出台地方金融政策，比如，《深圳经济特区绿色金融条例》《关于金融支持浙江经济绿色发展的实施意见》《关于进一步推动天津市绿色金融创新发展的指导意见》等。随着绿色发展逐渐在国民经济建设中占据主导地位，相应的金融政策将继续向绿色领域倾斜，进一步提高商业银行绿色信贷的流动性，适当放宽关于绿色资金的规模和风险监管，缩紧高能耗、重污染领域的信贷投放。

（四）民营与中小微企业绿色融资问题得到重视

根据《2020绿色债券年度发展报告》，2020年我国境内绿色债券累计共发行217只，发行规模达到2242.74亿元人民币，占同期全球绿债发行规模的13%左右，累计发行规模和绿色债券余额均突破了1万亿元人民币。新冠肺炎疫情并没有显著影响到中国的绿债市场。相对地，在疫情后的绿色复苏与经济复苏的刺激下，世界主要经济体都积极发展绿色经济，增添了对绿色资金的需求，例如，欧盟正计划一场发行2250亿欧元（2650亿美元）绿色债券的"绿债革命"，并全面启动绿色新政。[1]

但是，根据2020年的绿债发行情况，民营企业的绿色融资情况还需要进一步改善，具体反映在：我国绿债发行人目前仍以国资控股企

---

[1] 董一凡：《试析欧盟绿色新政》，载《现代国际关系》，2020（9）。

业与地方国有企业为主导，在发行数量上分别占绿债发行总量的40%左右，累计超过80%，而其他发行主体不足20%。民营企业与中小微企业较少参与绿债发行融资，这是由于发债存在一定的融资约束与监管约束，发行绿色债券比普通债券需要更严格的标准和要求，因此民营与中小微企业相比国企缺乏信用评级优势。从2020年绿色债券的发行利率也可以看出，国企绿债发行人普遍信用资质较好，发行利率和发行成本较低，且近年来绿债违约率显著低于同期限的普通债券。

为了让民企与中小微企业为中国的绿色经济发展增添更多活力，我国不断推出相关政策大力支持民企绿色融资，鼓励民企开展绿色项目与绿色转型。2019年1月，生态环境部与全国工商业联合会发布了《关于支持服务民营企业绿色发展的意见》，提出"要鼓励民营企业积极参与污染防治攻坚战，帮助民营企业解决环境治理困难，提高绿色发展能力，营造公平竞争市场环境，提升服务保障水平，完善经济政策措施，形成支持服务民营企业绿色发展长效机制"。2019年2月，双方又签署了《关于共同推进民营企业绿色发展，打好污染防治攻坚战合作协议》，明确提出"鼓励民营企业发行绿色债券，积极推动金融机构创新绿色金融产品，解决民营企业融资难、融资贵的问题"①。

① 钟华：《生态环境部与全国工商联签署协议：共同推进民营企业绿色发展》，载《中华纸业》，2019（5）。

除了国家推行相关政策鼓励和帮助民企发行绿债以外，民企改善绿色融资难的问题也可以考虑发行绿色 ABS 资产支持证券"曲线救国"，或者在绿色资管行业转型的背景下抓住机遇，考虑集体设立绿色基金吸引融资以投入绿色项目。在发行标准上，自《绿色债券支持项目目录（2020 年版）》征求意见稿发布之后，我国绿债标准统一的进程逐渐加快，在债券发行标准上，审批依据可以适当向绿色项目的评价进行倾斜，不以发行主体的资信状况作为唯一依据，让"证监会支持绿色债券发展"落到实处，让民企获得绿色融资更加便利。

（五）金融工具全面开启绿色创新

2021 年 1 月证监会正式批准设立广州期货交易所，其基本职能是服务实体经济和服务绿色发展，计划推出碳排放权相关的期货品种，为中国绿色金融衍生品市场的发展迈出历史性的第一步。广州期货交易所具有三大关键发展定位，即"创新性、市场化、国际化"[①]，"创新性"意味着广州期货交易所有望在未来几年内顺利打造绿色金融工具生态链，并先后推出碳排放权期货、电力期货等绿色衍生品系列，满足各产业各环节的气候环境风险管理需求，并加

---

① 魏晓航：《中国证监会正式批准设立广州期货交易所》，载《羊城晚报》，2021 年 1 月 24 日。

强与其他城市碳排放权交易所之间的金融联系，与碳债券、碳指数等金融工具进行组合创新；"市场化"定位则要求交易所广泛引进各类金融资本、外汇、机构、人才等，尤其是需要率先抢占和集中碳金融领域的优势资源，带动第三方可持续金融服务业务发展，最终扩大我国多层次资本市场体系的外延；"国际化"需要交易所在碳金融产品上吸引海外投资者与跨国高污染型高能耗型企业，通过人民币结算提升人民币国际化地位，并带动粤港澳大湾区和"一带一路"沿线国家参与交易所的市场合作。因此，在绿色产业融资需求广泛驱动信贷工具创新的基础上，未来我国绿色衍生品市场将迎来更多的增长空间与发展机遇。

（六）金融中心绿色属性逐渐显现

《碳排放权交易管理办法（试行）》已在 2021 年 2 月正式施行，这表明碳交易将在全国范围内全面铺开，覆盖年度温室气体排放量达 2.6 万吨二氧化碳当量的全体重点污染企业。碳交易的全面铺开意味着碳排放权作为新型金融资产投入交易，将为相关企业带来广泛的金融服务需求，碳市场将逐渐加强其金融属性，这有望打造出上海和香港两个碳金融国际中心。

对于上海："十三五"期间，上海市严格控制了碳排放的总量和强度，开展能源转型工作，2021 年已超额完成了国家下达的"十三五"

碳排放强度下降任务（2020 年单位国内生产总值二氧化碳排放比 2015 年下降 18%）。"十四五"期间，上海若实现 2025 年碳达峰目标，将会在今后的长期绿色发展进程中领跑全国，并拉动低碳领域的产业发展与基础设施建设，更重要的是将广泛吸引国内外绿色投资，并把资金引导到绿色产业中进行良性循环，打造上海碳金融中心。

对于香港：在"政府绿色债券计划"下，香港已成功发行总金额为 25 亿美元的绿色债券，其中 30 年期的长期绿债作为亚洲首个长达 30 年年限的政府绿债，已吸引相当于其发行金额 7 倍左右的认购金额，反映出市场投资者较为看好香港未来的长期绿色发展能力。同时，香港政府计划在 2021 年起的五年内发行 660 亿港币的绿色债券，以带动社会各界的绿色融资积极性。绿色金融对于香港未来的经济发展是一项重要机遇，尤其是在粤港澳大湾区的碳市场金融化、碳资产足迹披露等方面具备广阔前景，并作为亚洲地区的可持续金融中心不断发力。

（七）绿色建筑带动地产融资流向

湖南省、广东省深圳市、江苏省常州市开展绿色建造试点工作，将在 2023 年年底形成可推广的绿色建造体系、模式与标准，并向其他地区推广，在全国范围内形成绿色建筑全面布局。此前，2020 年住建部和发改委等多部门曾多次联合发布了关于绿色社区和绿色建筑的指导意见，各省市和地区纷纷提高地方绿色社区和新建绿色建筑的占比。不仅是绿色建筑试点城市，北京、上海、江苏等13省市也设立了 BIPV 绿色建筑整合太阳能补贴以及相应的行动计划，推动建筑绿色节能发展。

根据人民网数据，2020 年新开工的建设建筑项目中，装配式建筑比例达 25% 以上，城镇新建绿色建筑占新建建筑总面积的 50% 以上。目前，全国 70% 以上碳排放来自城市，其中超过 30% 来自大型建筑耗能，建筑行业的低碳减排迫在眉睫，必须尽早重构建筑行业相关标准，推动建筑建材领域绿色化。考虑到 2030 年碳达峰与 2030 年减排新目标时间紧迫，绿色建筑推广进程明显需要加快，并坚持以"碳中和"为导向建立建筑行业的绿色新标准。[①]

同时，绿色建筑全面启动将影响和改变房地产行业投融资流向。2021 年，我国房地产行业的信贷融资继续压缩，在绿色建造三大试点城市以及后续相关地区性推广进程的环境下，民营房企融资难度将会增加。而金融机构在企业信贷审批上逐步向绿色房地产和绿色建筑项目倾斜，在个人住房贷款审批上逐步向绿色住房抵押贷款倾斜。对于民营房企而言，除了银行信贷融资以外，发行房地产投资信托基金 REITs 和绿色债券都是可以考虑的选项。其中，REITs 在

---

① 王清勤：《我国绿色建筑发展和绿色建筑标准回顾与展望》，载《建筑技术》，2018（4）。

我国房地产市场还没有明显发展起来，而短期内以绿色建筑为目标发行绿色债券是房企拓宽融资渠道的一个重要方式。在新版《绿色债券支持项目目录（2020年版）》中，绿色建筑是绿色债券的一大重要支持项目，以绿色建筑为项目发行绿色债券需要获得绿色标识（住建部或三方机构开具）和项目周期评价，但支持目录中并没有对绿色建筑的星级作出具体要求，从而拓宽了绿色房地产项目的规模。因此，地产行业在2021年年初开始了一股绿色债券融资热潮，仅1月部分头部房企所发行的绿色优先票据就已在规模上超过了2020年全年，市场规模急剧扩大。

二、碳中和：绿色金融面临转型新时期

（一）中国绿色金融发展所处的阶段

绿色金融在中国自2016年上升为国家战略以来，虽仅经历了短短数年的发展，但已领跑全球，成为推动绿色产业经济发展并为低碳转型升级提供重要支持的中坚力量。

中国的绿色金融目前已基本走过初期阶段，开启进一步的转型和升级，具体体现在以下两个方面：

第一，中国的绿色金融自起步至今，市场规模持续扩大，相关规则和标准也不断得到制定和完善，充分发挥了对绿色产业发展的

融资支持作用。而现有的九个绿色金融地方试点区也在近四年内取得了显著成效，并探索出可复制、可推广的模式和经验。从整体而言，绿色金融在中国已形成了良好的政策基础和市场基础，并逐渐进入稳定发展的成熟阶段。

第二，虽然中国绿色金融正走向成熟，但这也是一个伴随着以碳中和为导向进行转型的重要阶段，更是从"量"的扩张向"质"和"量"并存的过渡升级阶段。从世界范围内看，以欧盟各国为首的发达经济体正以应对气候变化和温室气体"净零排放"为目标积极完善详细的绿色金融政策规划与工作指导；发展中国家也认识到气候融资的重要性，相继启动绿色金融的基础准备和初期扩张。中国不仅是发展中国家绿色金融的先行者，更是世界范围内绿色低碳产业经济的领航者，当前在绿色金融逐渐走向成熟的同时，正迅速进入规则统一、标准完善、产品创新以及加快适应碳中和的改革与转型新时期。

（二）碳中和背景下绿色金融发展面临的问题

我国绿色金融虽然成绩可观，但仍需克服各种不足，尤其在碳中和目标提出后如何以提高气候适应能力开展绿色金融的气候转型。

首先，中国的绿色金融需要进一步完善标准体系，目前包括绿色项目目录、产品服务、信用评估、信息披露、地方条例等在内的绿色金融规则与标准的基础框架已经基本建立，但分布较为零散，相互之间还没有形成紧密的关联，需要在国内从顶层设计角度建立统一的绿色金融综合标准体系，从各个角度完整覆盖绿色可持续发展目标。同时，应在注重保留国内特色的同时加强绿色标准的国际化，例如，中国绿色贴标债券有很大比例还不符合国际定义，这些标准差异将会影响国际绿色资金的自由流动。

其次，绿色金融目前还存在业务范围不丰富、融资形式构成单一的问题，尤其是目前绿色债权融资作为最主要的绿色金融工具，占总融资规模超过90%，亟须发展绿色股权融资，以满足碳中和时期日益增长的绿色融资缺口。另一方面，除几大国有银行以外，金融机构整体还需要提高对绿色金融业务的重视程度，目前有很多地方性中小银行还未充分认识到绿色金融未来的巨大前景，非银行类金融机构也还没有做好为绿色企业和项目提供审计、咨询、托管、法律等绿色第三方金融服务的充足准备。

最后，绿色金融的当务之急是要做好对碳中和目标的适配工作，以及厘清碳达峰与碳中和两项目标在中期和长期内发展目标、融资需求和金融服务上的差异。过往的绿色金融业务主要聚焦于节能、环保、污染防治等领域，但2020年"双碳"目标正式确立后，绿色金融必须在未来两个阶段内分别探索出新的融资模式和体系，以推动降低全行业碳排放增量实现碳达峰的中期过渡目标，以及推动能源清洁化、高碳高排放行业转型、绿色技术升级等符合"净零排放"的长期目标。

（三）构建符合碳中和目标的绿色金融体系

为更快、更高效地构建以碳中和为导向的绿色金融体系，至少需要做到以下要求：

首先，绿色金融应加快开展符合碳中和要求的产品和服务创新，提高气候适应能力。例如，金融行业应开发与企业碳减排业绩相挂钩的金融工具，以满足高碳高排放企业开展绿色转型的初期资金需求；应推动绿色保险和基金业务，提高金融体系应对全球气候变化风险的防御力，积极开展压力测试帮助企业加强风险管理能力；全国碳排放权交易市场建立后，应广泛开展碳金融服务，为纳入碳市场的企业提供碳排放权抵质押融资工具创新和配额托管等服务。

其次，各绿色金融试验区应加强碳中和目标下的改革和升级，成为积极探索可复制经验模式的先行示范区，同时适时启动试验区扩容工作，并以降低经济发展对高碳行业与项目的路径依赖和碳金融业务创新作为后续批次试验区的重要建设目标。

最后，要把符合碳中和目标的绿色金融业务开展情况作为金融机构绿色业绩的重点评价指标，以提高金融机构推动碳中和投融资的主动性和积极性。此外，要加强金融机构开展环境信息披露，尤其是所开展项目和业务的碳排放披露的强制性、统一性与规范性，并强化各类金融机构的碳中和政策宣讲。

（四）碳中和与中国国际竞争力

自碳中和元年起，碳中和将成为未来数十年内覆盖全球所有经济体的一场旷日持久的国际政治、贸易、经济、技术、金融竞争，并重塑世界发展格局。为此，中国应从以下几个方面提高国际低碳竞争力：

首先，中国要积极讲好中国绿色金融与碳中和的故事。作为发展中国家，中国从碳达峰到碳中和的间隔仅有30年，远低于发达国家。中国为实现碳中和目标面临极大减排压力，但却向世界展现出了大国责任与担当。

其次，中国要不断加大绿色低碳领域的技术投入和研发，抢占绿色创新高地，掌握"绿色技术战"主动权，尤其是注重为绿色技术初创企业提供初期政策扶持与融资优惠。在加强绿色技术升级的同时，逐步建立起具备应对气候变化属性的绿色产业链与供应链，提升终端绿色产品的出口贸易优势，不断输出"中国绿色制造"。

最后，中国要积极推动国际绿色投融资的跨境流动，参与绿色金融相关国际标准的制定与互认，并建立绿色金融的双向开放机制，发行面向国际的绿色债券与绿色基金，逐步吸引国际资金向中国绿色产业集中。

三、绿色金融未来中长期发展与展望

根据 2021 年年初绿色领域的各项重大事件与重要政策，绿色金融支持绿色发展方面具有信贷倾斜、碳金融、绿色建筑投融资三大落脚点，未来将继续引入其他落脚点，并不断提升绿色金融服务质量，未来的具体发展前景包括以下几个方面：

第一，绿色科技有望成为绿色金融的下一个落脚点。绿色科技在我国具备广阔的发展前景，广泛涵盖绿色减排新技术、绿色生产制造、绿色农业生产、绿色金融信息服务、绿色产业链供应链的信息化和智能化等方面。绿色金融未来需要为我国绿色科技初创企业提供多元化的融资渠道，例如，建立绿色产业创投基金、绿色创业项目信息平台、绿色产业资金扶持平台等。

第二，绿色低碳经济作为国际合作的新导向，将成为绿色金融的一个国际落脚点。例如，2020 年 11 月中欧绿色合作高级别论坛在比利时首都布鲁塞尔举行，中欧双方代表围绕中欧应对气候变化的愿景与行动进行了深入讨论，中欧绿色领域的合作前景广阔。在 110 国制定"2050 碳中和"目标以及国际社会不断加码绿色投入的环境下，习近平主席在达沃斯论坛上提出，"加大应对气候变化，推动可持续发展，关系人类前途和未来。人类面临的所有全球性问题，必须开展全球行动、全球应对、全球合作"。气候经济、绿色经济、可持续经济等未来将成为国际政治经济合作新导向，并推动绿色金融的国际化发展，发展"绿色国际金融"①。

第三，抗风险领域也是绿色金融的一个落脚点。首先，我国绿色保险业依然处于起步阶段，绿色保险品种较少，业务规模较小，难以满足日益发展的绿色经济的风险管理需求。其次，国际社会气候变化风险加剧，国内企业进行海外投融资的不确定性加剧，将需要各类金融机构广泛发挥绿色金融的抗风险能力，例如，开展压力测试等金融服务，以及开发防灾基金、绿色衍生品等金融工具。

第四，国内各界对碳金融市场的前景认识有所不足。当国内碳市场全面启动之后，对于碳排放的约束使得碳排放权具备了资源稀缺性，成为一项新的生产资料，企业拥有碳排放权才能进行生产。而在国际上，全球"碳中和"进程的加快也将逐渐使国际碳市场相比石油市场具备更为广阔的发展前景，并在碳市场庞大的金融需求下不断提升碳市场的金融属性，扩大国际多层次资本市场的范围。为此，我国需尽快将碳金融与气候金融加入快车道，加强碳市场顶层设计，做到全国减碳一盘棋，而各省市和地方也应积极推动碳交易，不断建立和完善碳排放的激励机制、考核机制、惩罚机制、补偿机制等。

第五，绿色发展将作为评价国家和地方经济发展的一项重要指标，与生产总值、居民收入、城市化率等具有同等重要的地位。同

---

① 王文、杨凡欣：《"一带一路"与中国对外投资的绿色化进程》，载《中国人民大学学报》，2019（4）。

时，各地区推进绿色发展也将提高资源和信息的贡献，从而有助于吸引跨地区绿色投资，而这就需要绿色发展在考虑地区差异和地方资源环境特色的基础上建立具有共识性的统一标准。

四、碳中和元年，金融需要绿色大升级

（一）上海需发挥金融主动性，打造碳金融生态圈

随着全球低碳经济的发展，碳市场的地位和重要性甚至有望超过传统石油市场。因此，我国需尽早考虑专门建立和开辟碳金融生态圈，以统一的范围和标准来发展国际性的碳金融市场。

在上海金融市场中，除了银行与证券公司等积极参与碳市场以外，还需积极发展碳资产管理公司以广泛开展第三方碳委托交易业务，并推动相应的碳排放权交易成本收益核算业务以及碳金融审计服务等的发展，形成碳金融专项服务机构群与人才梯队。同时，在交易投资上，可逐步引入个人与机构投资者，鼓励碳资产管理公司对于其所持有的委托或购入的碳资产，将其拆分成碳资产支持证券，面向个人和机构投资者开放，使得投资者通过碳价波动取得相应的收益，并鼓励企业以碳排放权配额为抵押获得融资，推动碳资产抵押衍生品的市场发展。

另外，碳金融现货市场的发展需要碳金融衍生品市场的配套发

展，广州期货交易所已成功获批，在正式开业后将积极发展碳排放权期货和能源电力期货等绿色衍生工具。在广期所积极跟进绿色碳金融衍生品的同时，上海期货交易所也具备探索和发展碳金融工具的可能性，包括相关的碳债券、碳资产支持证券、碳排放权抵押融资工具等，并推动金融机构开展第三方碳金融业务。

（二）挖掘香港成为国际绿色金融中心的潜力，带动粤港澳绿色发展

结合香港近两年来的关于绿色发展的主要工作，香港在建设亚洲绿色金融中心进程中将着力于以下几大关键性举措：

一是信息披露，香港金管局和证监会已经成立了绿色和可持续金融跨机构的督导小组，并计划 2025 年之前进行强制各行业气候相关信息披露，并在范围上扩大外延，包括投资基金和项目的碳足迹与平均碳含量等。在国际碳金融迅速发展以及 2050 年"碳中和"目标的背景下，未来需要把碳资产和对应的足迹流向也作为与金融资产同等重要的披露对象。

二是披露平台建设，此前香港在 2020 年年底已经建立了可持续及绿色交易所 STAGE（绿色金融资讯平台），该平台目前已涵盖近40 只亚洲企业在港交所发行的 ESG 产品信息，由发行人主动披露多种报告，引导资金向可持续发展领域聚集。目前平台还处于探索

阶段，但在平台后期发展较为成熟的时候，相关框架规范将得到统一，且以"交易所标准"制定模板。这将节约发行人的包装成本，提高参与的积极性和产品的吸引力。

三是标准制定，香港金管局此前对于香港银行业的绿色金融发展提出了三步阶段性战略：提高银行的绿色意识、制定绿色标准和框架、落实并加入评估机制。该部分关键点在于香港银行业内部需要先达成关于标准的共识，具体涵盖对于绿色项目的审核、绿色收益的评价、绿色资信的评定等，然后进一步积极参与国际规则的谈判和制定。

四是碳交易合作，目前，香港碳交易市场依然存在流动性不足的问题，香港第三产业增加值占比超过90%，投资者对于工业碳排放上存在的金融机遇认识不足。香港要成为国际性绿色金融中心，必须在碳金融市场上占据先机和主导，发挥粤港澳大湾区的资源环境优势，加强与广州、深圳等在碳交易、碳融资、碳金融衍生工具、碳金融三方服务等方面的深入合作，最终推动粤港澳大湾区碳金融生态一体化。

（三）建筑业未来三年内需重构绿色新标准

首先，绿色建造项目在规划和实施的过程中需要考虑如下几个方面：通过 BIM 建筑信息模型的应用[①]和建筑项目自动化审批等技术，实现建筑行业信息化；通过区块链和物联网等数字技术，建立建筑智能专家系统，推动智慧工地建设，实现建筑行业智能化；通过新标准下绿色建材的广泛应用，以及建筑垃圾循环利用体系等，显著提高工程建造效率和管理效率，实现建筑建造高效化和绿色化。

其次，绿色建造项目也需要建立信息披露和资讯平台，实施统一披露标准和规范，有望先在试点地区开展，并在绿色建筑全面铺开后推广到全国其他地区。相比传统的绿色项目而言，绿色建筑信息披露需要在环境影响的基础上考虑建筑行业的排放特点，添加相关的建材购置清单、污染排放情况、温室气体足迹流向、项目施工效率、建造能源消耗、建筑垃圾处理情况等具体信息，建立可评价、可量化、可操作的具体指标并引入最后的披露标准。

最后，在绿色建造试点地区先进经验模式的推广过程中，有望先向部分发达地区推广，从商务区辐射到住宅区，再从东海沿海发达城市推进到中西部城市，并助力推动西部经济绿色复苏以及"一带一路"沿线绿色投融资建设，促进"西部绿色大开发"。

---

① 郑雅兰：《BIM 技术在绿色公共建筑设计中的应用研究》，载《居舍》，2021（3）。

（四）房企绿债融资在长期内要重视三大具体问题

首先，绿色建筑在建造技术、建材应用和贴标认证上存在一定升级成本，中小型房企未必有动力大规模开展绿色建筑项目转型升级，如果没有转型优势或转型决定，不宜随意开展绿色建筑项目融资，需要房企正确评估绿色建筑项目未达标的风险。

其次，绿色债券存在较高的发行门槛，对于部分房企存在壁垒，且绿色债券发行之后的项目评估也比较严格，在涉房贷款越来越严的背景下，房企在未来一段时间内也需要考虑信贷政策和发债监管未必会因为房地产企业涉足绿色项目而有所放宽的情况。

最后，房企在开展绿色融资和绿色建造项目的同时，仍应注重改善自身的财务状况，不断提高生产效率和融资效率，并可以选择在美联储降息的环境下进行海外融资。

05 Chapter 5

"隐含碳"与碳核算

——环境与经济的会计升级

要实现碳中和，就必须弄清楚碳元素的流向、盘活碳资产，这就离不开碳核查与碳核算体系的建立。

碳排放是当前全球关注的热点问题，探求碳排放对全球的影响及其影响因素，进而找出相应对策，是各国迫切需要解决的问题。我国正处于快速工业化进程中，为加快转变经济发展方式，促进产业结构升级，积极探索市场手段以实现节能减排是重要路径之一。随着全国碳交易市场的上线，确立公平合理的碳排放核算标准迫在眉睫。

一、省级碳排放核算的差异化分类

在国际范围内，不同国家所面临的碳排放核算背景存在差异，大部分国土面积较小的国家将国内的碳排放责任划分视为整体，并不突出行政区间的差异化。我国陆地面积约为 960 万平方千米，包含 34 个省级行政区，各省份根据资源禀赋与行政责任可划分为碳排放的输入地与输出地，即能源资源输出省份与消费省份。典型的碳排放输入地有内蒙古、山西、河北等省份，碳排放输出地则包括广东、浙江、北京等省份。

国家碳排放责任，是指各国按照一定核算原则划分后，需要承担责任的碳排放，有生产者原则、消费者原则、收益者原则和共担责任原则四种核算原则。生产者原则为当下全球范围内的主流原则，该原则规定，一国需对其境内生产产品和服务所直接产生的二氧化碳排放负担全部责任。与之相对，消费者原则是指将消费者所消费的最终商品作为碳排放量核算客体，商品生产中所产生的二氧化碳排放量都计入商品消费地区。与消费者原则相同，我国的碳排放输入地承担了碳排放输出地的能源消费碳排放量。有数据显示，北京早在 2012 年就已实现碳达峰目标，随后便踏上了迈向碳中和之路，到目前为止，北京全市的清洁优质能源比例已超过 97%。但鲜为人知的是，北京有 70% 的电力输入来自外省，其中的 40% 来自内蒙古。与北京形成鲜明反差，内蒙古在"十三五"期间的"能耗双控"

指标均位列全国倒数第一，并且能源消费总量也没有达标。

生态环境部部长黄润秋此前提到，"实现碳达峰、碳中和是一场广泛而深刻的经济社会系统性变革"，这表明，碳减排工作与地区经济发展间存在紧密的联系。作为衡量减排工作的间接指标，碳排放强度运用碳排放总量除以每单位 GDP 的方式表述了碳排放量与经济发展的直接关系。"十三五"时期，我国的碳排放强度同比下降 18.2%，但内蒙古此指标却在该阶段末期大幅增长，并且 GDP 排名也下降 6 位，位列全国第 22 位。通过北京与内蒙古的对比、环境库兹涅茨曲线与当前全国经济发展背景分析可以得出两点结论：第一，碳排放总量与地方经济发展在很大程度上存在负相关关系，即碳排放量越多，经济向上发展动能越弱，碳排放量越小，经济向上发展动能越强，其背后的逻辑在于第三产业的碳排放最小，但经济贡献值最高；第二，省份可通过污染转移的方式，在确保即便地区内能源消费升高导致碳排放量增多的情况下，GDP 依然不会受到负面影响。

考虑到生产者原则的实操性与污染转移为能源生产地所带来的资本投资不可逆的情况，本书建议，当相关核查部门对国内省份进行碳排放核算时，可将 34 个省级行政区分为能源生产省份（如内蒙古、山西、河北等）与能源消费省份（如广东、浙江、北京等）两组进行考核，划分时将三产占比作为衡量依据。与传统的城市类型分类不同，能源生产省份的分类原则是重点考虑第一产业与第二产业的经济贡献总和，而能源消费省份则侧重于第三产业的经济贡献占比，如此，在遵循生产者核算原则的基础上可以做到碳排放主体责任尽可能公平。

国家是在国际层面上执行碳达峰、碳中和工作的主体，这也就意味着，2060 年时并不是所有省份皆完成碳中和目标，而是各省份都完成各自的减排任务。各地因自然禀赋不同，届时，有的省份可提前完成目标，并创造可观的负碳量，但有的省份在减排效果显著、完成"双控目标"的情况下，很难实现目标。不过，在此情况下，已实现碳中和目标的省份可将剩余负碳量与未实现碳中和目标的省份排碳量进行中和，从而最终实现国家层面的碳中和目标。所以，根据实现碳中和的进度，能源生产省份的考核指标应侧重于碳减排量，能源消费省份的考核指标可纳入负碳量。

此外，城市分类核查体系将有助于提升能源生产省份与能源消费省份碳减排的积极性。当前，因存在污染转移与媒体对能源消费省份新能源使用情况披露，这些能源消费省份对减排压力有恃无恐，而能源生产省份也因愈演愈烈的减排差距而丧失减排积极性。此前，国家能源局局长章建华曾提出，"支持有条件的地方率先实现碳达峰"，所以分组核算碳排放后，能源消费省份因优化的产业结构将有机会率先实现碳达峰，能源生产省份也会在"组内竞争"的核算体系下保持较高的减排意识。

二、全球碳排放责任核算：谁生产，谁负责

当前，尽管碳减排已成为世界各国共同的目标，但各国对国家碳排放责任的界定还存在巨大争议。国家碳排放责任，是指各国按照一定责任划分原则所需承担责任的碳排放。在尚未达到全球统一气候政策的背景下，有效的全球碳排放政策需被世界各国广泛接受，即需建立在对发达国家和发展中国家都公平的碳排放责任基础之上。因此，能否顺利实施全球气候政策，与能否建立一套有效完整的碳排放责任核算机制密切相关。

（一）全球碳排放责任核算的四种分类

当前，全球碳排放责任核算原则分为生产者原则（Production-Based Principle）、消费者原则（Consumption-Based Principle）、收益者原则（Income-Based Principle）以及共担责任原则（Shared Responsibility Principle）四种，这四种责任背后的划分逻辑存在较大差别。北京理工大学的余晓泓与詹夏颜在论文《全球碳排放责任划分原则研究述评》中给出了这四种碳排放核算原则的数理计算公式。

顾名思义，生产者原则由核查部门对生产行为所在地与管辖区内的碳排放量进行直接测算，生产地区将承担区域内所有碳排放的核算责任，核算公式为：

$$碳排放责任 = 活动数据 \times 排放因子$$

消费者原则，是将消费者所消费的最终商品作为碳排放量核算客体，商品生产中所产生的二氧化碳排放量都计入商品消费地区，核算公式为：

$$碳排放责任 = 地区内碳排放总量 + 进口隐含碳 - 出口隐含碳$$

收益者原则与消费者原则间的核算逻辑互为"镜像关系"，消费者原则考虑的是被消费商品在生产过程中的碳排放量，收益者原则则是计算生产过程中需要投入的要素所产生的碳排放总量，核算公式为：

$$碳排放责任 = 国内碳排放总量 + 出口产品引致的国外产业链下游$$
$$碳排放量 - 进口产品引致的本国产业链下游碳排放量$$

共担责任原则，是通过贸易地区间的进口与出口计算出各地区间的碳排放责任分担比例，进而配合计算系数得出分摊后的碳排放量，核算公式为：

$$碳排放责任 = 消费者碳排放责任 + （1 - 分配比例）$$
$$\times 生产者碳排放责任$$

从当前的全球碳排放责任核算体系来看，国际间官方的二氧化碳排放量核查体系来自政府间气候变化专门委员会（IPCC），其核查原则基于生产者原则。事实上，以生产者原则作为全球碳排放责任核查体系是经历了长久的历史变革才最终形成的。1992年，联合国各缔约方不仅通过了《联合国气候变化框架公约》（以下简称《公约》），确立了"将大气中温室气体的浓度稳定在防止气候系统受到危害的人为干扰的水平上"等内容，还达成了"共同但有区别的责任"的碳核查原则。《公约》因为所要求的减排责任更多针对发达国家与正处于经济转型的国家，所以生效不久后，这些国家便运用国际贸易与商品进出口等手段将本国的碳排放量转移至发展中国家，从而在短期内实现了碳排放量的大幅下降。之后，随着全球政治局势的不断变化与发展中国家的碳排放量不断升高，2009年在哥本哈根世界气候大会上，发达国家对全球碳排放核算机制进行改革，即将碳减排义务的比重逐渐向发展中国家倾斜，最终形成了全球范围内以生产者原则为基准的碳核算体系。

（二）生产者原则的核算弊端

很显然，生产者原则下的碳排放核算体系对于为发达国家进行商品制造与出口的发展中国家而言并不公平。原因在于，一方面，发展中国家在为发达国家满足商品需求的同时，还要承接来自发达国家的碳排放量。另一方面，对于尚处于工业化中期的发展中国家而言，突如其来的低碳产业转型会为国内经济带来较为严重的负面影响。虽然有数据显示，当前发展中国家的碳排放量占比在全球范围内已超60%，但这其中有很大一部分来自发达国家通过贸易手段转嫁来的"碳泄漏"。此外，生产者原则下的碳核查体系并不能将全球所有的碳排放量都计算在内。在国际贸易中，交通运输所排放的二氧化碳虽占据较大比重，但飞机与货轮在国际公共领空与海域内所排放的二氧化碳却不计入任何国家的核查体系中，这部分无法计入的碳排放量约占全球碳排放量的3%。如果长此以往，以生产者原则为基准的碳核查体系便会使发展中国家的减排态度变得愈发消极，也会使发达国家的减排意识变得不再紧迫。

（三）其他核算原则推广存在的阻碍

前面提到，生产者原则下的碳排放核算体系最大的问题，在于产品的生产者担负了产品消费者的碳排放量责任。从贸易层面上讲，这也相当于商品消费者运用交易中的部分经济贡献，来抵消生产活动中所产生的碳排放量对经济的损害。但是，从物理层面上讲，这些碳排放量并没有因消费者对碳排放的经济弥补而消失。为解决这一问题，其他三种核算原则需被国际公约进一步关注。

消费者原则的最大优势在于可解决"碳泄漏"的问题。虽然服务与消费作为第三产业，产生的碳排放量要低于第一产业与第二产业，但有数据显示，居民对能源消费所产生的间接二氧化碳排放量超过了总量的70%，这也就意味着较生产者而言，消费者理应承担更大的碳排放责任。但是，其推广难点有二：第一，商品消费国在将碳排放转移至生产国的同时，也为生产地区提供了就业岗位与商业投资，这部分的正面外部性影响无法在碳排放责任被重新定义后发生改变；第二，在国际贸易中，商品生产国与消费国为两个不同的国家，行政管理方式上存在差别，这也会造成数据的规范性与统一性难以得到保障。

其次，收益者原则是将碳排放强度更低的国家视为贸易合作导向。根据收益者原则的核算公式可以看出，由出口产品引致的国外产业链下游碳排放量越小，则对国家碳排放责任的核算越有利，这就促使各国在寻找国际贸易伙伴时，会更加青睐低排放的商品生产国。例如，在收益者原则下，一个能源国家在为商品提供生产要素的同时，也许同时在寻找一个生产国。在碳排放责任归属于能源国的前提下，减排技术更发达、生产商品产生碳排放量更少的国家将具备较高的商品生产竞争性。由于收益者原则与消费者原则互为"镜像关系"，收益者原则的推广同样将面临地区行政管理的难题。如果消费者原则与收益者原则推广不当，那么将会造成另一种方式的国家气候博弈。

共担责任原则是目前最为合理的碳排放责任划分原则。生产者原则、消费者原则与收益者原则都仅考虑的是一方的减排责任，无法同时对生产者与消费者在核算上进行碳排放限制，共担责任原则可从实质上解决这一问题，即通过合理的碳排放配比，让生产与消费双方分得对应的碳排放责任权重。然而，共担责任原则的学术理论虽较为完善，但其推行难点在于如何计算出碳排放配比。另外，共担责任原则在施行时会面临计算烦琐的问题。在全球合作的背景下，一个国家的身份应不仅拘泥于生产者或消费者，而需根据不同的商品需求与自身的资源禀赋，在生产者与消费者间切换。这也就意味着，两国间的共担责任容易划分，但在多个国家共同进行贸易时就变得较为复杂，而该过程中又缺少一个第三方配比核查机构，便使得共担责任原则很难得到推行。

根据以上论述，可得出结论——在学术层面，已经存在比生产者原则更优的核算原则，但在实际施行过程中，这项原则面临重重问题。生产者原则以辖区内碳排放量核算为实践理论，可实施性最强，并且，越合理的碳排放原则，越难被落地施行。如果未来在全球范围内要推广共担责任原则，那么如联合国政府间气候变化专门委员会（IPCC）等中立机构就要扮演起第三方配比核查机构的角色。

三、生产者原则下，国际碳排放责任驱动模式
如何缔造新的竞争法则

随着 197 个国家陆续签署《巴黎协定》，气候问题在国际间进一

步达成共识，由此，如何减排、排放数据如何核算等问题，便成为签署各国需要考虑的重点。

因生产者原则为当下全球范围内的主流碳排放责任核算原则，所以，围绕该原则衍生出了三种驱动模式——碳交易、碳税以及碳边境调节机制。碳交易，是指将碳排放单位所产生的直接二氧化碳排放量纳入交易履约边界，外购电力与其他的间接碳排放量并不算入其中。碳税不仅是一项独立的驱动模式，还可以起到发现碳交易中的碳排放配额价格的作用，主要加征对象是直接碳排放单位。虽然此前业内各方对碳税征收对象应是企业还是消费者存在争议，但根据欧盟当前相对成熟的法令，碳税更多还是对企业进行征收。与碳税类似的是，碳边境调节机制的实施对象同样是生产商品的企业，不同的地方在于，实施对象是将商品出口至本国的他国商品制造企业。三种驱动模式所对应的减排主体均为生产者，并且生产者也将在这三种驱动模式下承担更多的碳排放成本。

（一）碳排放成本差异孕育碳交易市场

国际碳交易的雏形源自《京都议定书》中的 CDM 机制（Clean Development Mechanism），该机制的运行逻辑在于，碳排放成本更低的发展中国家可以将碳排放配额转让至对配额需求更高的发达国家。基于此，再结合各国与区域间的实际情况，区域内的碳交易市场孕育而生。相较于欧美的碳市场,我国的碳市场起步较晚,全国碳交易市场于 2021 年 7 月 16 日正式上线,首批被纳入碳市场的参与主体有 2225 家电力企业,覆盖的全国年度碳排放量为 40 亿吨。然而,全国碳交易市场虽已开启,但当前仍旧面临数据核算偏差与碳排放配额定价难的情况,在此情况下,《北京市企业(单位)二氧化碳排放核算和报告要求》(以下简称《要求》)的出台对于全国开展碳排放量核算与碳交易便有了重要的启发意义。

身为全国八个碳交易试点中的一个,北京碳交易所于 2013 年末正式启动,伴随市场化机制的不断探索,《要求》也在不断完善。在最新版的《要求》中,笔者发现三点关于生产者原则下的碳核算意义。

第一,《要求》明确划分了交通行业的碳排放责任。此前,各方学者与决策机构对于移动设备的碳排放责任划分存在较大分歧,原因在于,移动设备的碳排放可随着设备的转移改变生产地。最新版的《要求》明确提出,"排放设施是指北京市行政辖区内排放二氧化碳的固定设施和注册地为北京市的移动设施"。这也就意味着,即便移动设备的物理所在地不在北京,但只要其注册地在北京,那么该设备所产生的碳排放量将被算入北京市的核算范围内。例如,一辆北京牌照的车辆即使常年在外地行驶,但是其排放的二氧化碳也会被计入北京市的碳排放总量中。

第二,《要求》虽依然是以生产者原则为核算基础,但消费者原则的核算可能性开始被决策机构重视。《要求》提到,"重点排放单位外购热力产生的二氧化碳排放需要报告有关数据，但不计入年度二氧化碳排放履约边界"。换言之，在当前的碳排放核算体系下，数据的衡量重点仍是范围一（Scope 1）的直接碳排放量，还未将与消费者原则相关的范围二（Scope 2）的碳排放量纳入奖惩体系。值得庆幸的是，外购热力等间接碳排放量得到了北京市决策机构的关注，未来是否会推广基于消费者原则的碳排放核算标准可拭目以待。

第三，尽管北京市的《要求》对其他省市建立碳排放核算标准具有启发意义，但并不能在其他地区进行简单的"复制""粘贴"。从顶层规划角度看，北京市的《要求》的确将成为其他城市执行碳核查的标杆，但却并不适用于生产大省与能源大省，原因在于，这两类省份的碳排放量大多是为服务于其他省市而产生。所以，如果不将区域内的直接碳排放与外输至其他地市所产生的碳排放进行区分，那么将对未来的减排行动增添阻力。

（二）我国碳税征收可拭目以待

碳税的第一次出现与施行是在 1990 年的芬兰，随着世界各国对气候问题的进一步重视，迄今为止，全球已有 27 个国家施行了碳税机制。碳税的基本施行原理在于对生产行为所排放的二氧化碳征收额外税收，以增加生产成本的方式刺激生产单位降低碳排放量。对于政府来说，碳税可在降低碳排放量的同时增加财政收入。而对于消费者来说，碳税是三种驱动模式中距离他们最近的一种。虽然目前大多数国家的碳税是直接向企业征收，并非针对消费者，但生产者的额外税收成本可通过传导机制将生产成本转化为消费成本，即在某种程度上，碳税可在生产者原则与消费者原则中相互转化。

碳税同样存在潜在的负面效应。根据此前日本的碳税实施情况来看，碳税机制存在损害经济发展的可能性。短期内，碳税的征收会增加煤炭制品、房地产、交通运输等行业的生产成本，进而可能会导致相关企业的减产，最终引致区域内的 GDP 增速放缓甚至下降。也正是基于这一点，我国当前尚未实施碳税征收机制。考虑到我国的经济实力与低碳发展进程等因素，本书认为，我国在不久的未来将会迎来碳税机制的施行。一方面，"十四五"规划中的第三十九章明确强调，"实施有利于节能环保和资源综合利用的税收政策"；另一方面，全国碳交易市场已正式上线，根据欧盟的经验与经济学的理论来看，碳税也会起到发现碳排放权配额价格的作用。

为发挥碳减排有效经济调控手段作用，碳税的税率并不能一蹴而就，在实施过程中应采取递增的方式。一方面，是为生产企业与消费者留有成本增加的适应缓冲期，避免发生由于成本增加导致 GDP 受损的情况；另一方面，是配合全国碳交易市场同步推进碳交易机制。根据全国的减排形势判断，碳交易市场中的碳排放权配额将会逐年收紧，而并不是每年发放统一的配额数量，为更好地帮助碳交易市场发现配额的价格，碳税的税率也应进行逐年的递增。

因碳税本身的征收特点，碳税在未来可能会成为碳排放核算原则改革的重要突破口。考虑到生产者原则与消费者原则可通过碳税实现转换，企业的碳税成本最终会转嫁给消费者，为避免成本传导过程中所产生的经济风险，碳税直接向消费者征收在未来存在很大可能性。所以，如要对碳排放核算进行原则上的改革，碳税将是一个便利的抓手。

（三）碳边境调节机制是机遇也是挑战

碳边境调节机制俗称"碳关税"，加征对象是出口至欧盟境内的他国商品，表现为如果商品在生产过程中产生的碳排放量高于欧盟的排放要求，那么将会对进口的该商品加征额外的关税。2021年3月，碳边境调节税机制的原则性决议通过欧洲议会审议，预计将在2022年完成立法，2023年正式实施。虽然初拟稿中规定碳关税的征收范围仅限于水泥、电力、化肥、钢铁与铝的相关产品，但也不排除在实施后有扩大征收范围的可能。

碳关税的出现无论对于世界贸易格局还是我国在国际上的话语权都有着深远的影响。首先，碳关税对于我国的贸易既是挑战也是机遇。虽然我国在出口总额上对于欧盟来说是其第一大贸易合作伙伴，但在上述五项相关产品的出口额方面，我国却排在俄罗斯、英国与土耳其之后，位列第四。当碳关税正式实施后，欧盟、中国与其他出口国间的贸易关系将会发生变化。原因在于，碳关税的本质依然有关税的特点，其作用之一也是为保护欧盟境内相关商品的市场份额，再加上欧盟本土的商品存在减排优势，所以届时欧盟本土商品的市场占有率有望进一步扩大。对于其他国家而言，碳关税势必会增加商品的出口成本，影响利润。但是，尽管碳关税对于我国来说存在商品出口成本增加的风险，可是我国也应抓住机会，提升商品生产的减排技术，降低出口产品的碳排放量，最终提升本国出口商品的竞争力，这样才有望在碳关税模式下提高产品的贸易份额。

其次，碳关税在短期内将会对生产者原则的碳核查体系进一步固化。碳关税的建立是围绕生产者原则，虽然在某种程度上弥补了"碳泄漏"的问题，但本质仍然是要求商品的生产国去承担减排责任与支付额外的成本，并没有有效解决发展中国家与贸易出口国家减排压力过大的问题。除欧盟外，拜登所领导的美国政府也正在考虑实施碳关税。未来，如果欧盟与美国这两大经济体都采取碳关税制度，那么短期内生产者原则的碳核查体系将很难改变。原因在于，第一，因美元的国际化影响力与美国的国际话语权等原因，美国在施行碳关税后很有可能会引来其他同盟国的效仿，这不但会让商品出口大国在与其他国家合作时增加减排压力，还会让生产者原则在国际间进一步达成共识；第二，鉴于气候问题已逐渐成为大国间博弈的主流话题，碳排放流出国将以此为话题谴责碳排放流入国，加之我国是世界出口大国，这将使我国很容易陷入负面的国际舆论。本书认为，随着我国减排技术的不断提升与国际话语权的持续加重，发展中国家的实际减排诉求将被重新讨论，国际间的碳核查体系原则也有望变得更加合理。

06 Chapter 6

环境信息披露与金融机构的
绿色评估

　　绿色资金支持双碳目标的效益评价，带来了碳排放信息在环境披露中的需求，这就离不开建立碳核算体系这项前提。

　　金融机构支持低碳减排进程需要科学评估与计算绿色金融业务和项目对于降低碳排放的贡献程度，将其纳入环境披露和环境评价，建立金融机构碳减排核算标准与评估体系，并与金融机构的绿色金融业绩挂钩。

　　中国的绿色产业发展离不开金融体系的重要支撑，产业结构、能源结构、消费结构等在转型过程中均催生了大量的绿色资金需求。金融行业应当对国民经济各个领域的低碳转型升级提供资金供给、风险管理、产品创新、咨询服务等一系列金融支持。为确保双碳进程的顺利推进，应不断提高金融机构布局绿色金融业务的主动性与积极性，并开展金融机构环境信息披露和环境影响评价考核工作，提高金融机构对金融支持双碳目标重要性的重视程度。

2021 年 1 月，央行召开工作会议并将"落实碳达峰碳中和重大决策部署，完善绿色金融政策框架和激励机制"作为当年重点工作之一，并提出要"逐步健全绿色金融标准体系，明确金融机构监管和信息披露要求，建立政策激励约束体系"，在绿色金融政策框架下推动金融机构环境信息披露工作的开展。2021 年年中，央行先后印发了《银行业金融机构绿色金融评价方案》与《金融机构环境信息披露指南》，完善了绿色金融行业标准体系，进一步提升了金融机构开展环境披露的规范性，以提高绿色金融业务与双碳目标的切合度。

一、金融机构开展环境评价的必要性与重要性

央行推动金融支持碳减排，金融支持碳减排的贡献评估应以金融机构环境评价为依据。

2021 年 8 月，央行发布了 2021 年第二季度中国货币政策执行报告，其中关于绿色金融着重强调了未来开发碳减排支持工具的方向和标准。

具体来看，央行提出了碳减排支持工具的设计将按照市场化、法治化、国际化原则，充分体现公开透明，做到"可操作、可计算、可验证"三项目标。其中，"可操作"表明了政策工具需要明确支持具有显著碳减排效应的重点领域，包括清洁能源、节能环保和碳减排技术，采取差异化的货币政策支持和优化相关领域的资源配置；"可计算"要求金融机构可计算贷款带动的碳减排量，并将碳减排信息对外披露，接受社会监督，但关于每一块钱的绿色信贷到底能产生多少数量的碳减排，其计算仍存在较大难点，目前也还没有统一的标准，尤其是需要注意各行业碳排放产生和计算的方法不尽相同，并且不同企业之间生产方式和生产效率存在较大差异，绿色贷款在实际运用中带动碳减排的路径机制与过程方式等仍需要进一步研究具体方法；"可验证"表明将由第三方专业机构验证金融机构披露信息的真实性，确保政策效果，该要求有助于推动第三方绿色金融专业评价机构或者专门的绿色金融监管部门的设立。

央行已开始对金融机构开展绿色金融业绩评价工作，其主要衡量指标在于绿色信贷业务的余额和规模占比在自身和同行业的纵向与横向统计。

但是，仅以银行绿色信贷规模、金融机构绿色金融业务范围和品种数量等，并不能科学地评价金融行业对绿色发展和低碳减排领域的实际贡献程度，也可能存在一些金融机构为了提高业绩评价结果而盲目扩大业务的情况。金融机构绿色业绩的合理评价指标和提升目标，应该是能用更低的成本去获得更高的碳减排效益和绿色发展质量。同时，开展金融业务对于碳减排的贡献效益，在经济和会计上的核算方法需要有科学客观的量化评价方法，并逐渐考虑作为金融机构碳减排业绩指标纳入绿色业绩评价。尽管如此，央行提出对于存款类金融机构的绿色业绩评价方案依然是提高绿色金融质量的重要一步。

随着碳达峰、碳中和目标不断明确，绿色金融正在迅速开展双碳目标下的低碳转型和升级，金融机构正逐渐提高金融业务的碳中和属性，例如，合理优化信贷供给结构和资产配置，将资金引导到绿色低碳产业，开展碳排放权与碳汇金融产品创新以支持碳市场的建设与发展等。

但是，仅从资金和业务上推动对双碳目标的支持是不够的，金融机构需要研究和评估绿色项目对气候环境的实际影响，并明确绿色资金在低碳减排领域的实际运用效率：首先，对金融机构而言，环境信息强制披露是开展环境评价的基础，只有在环境信息数据充分、资料翔实的基础上，才能开展环境影响的量化评价；其次，环境披露应添加碳核查、碳核算，确保在碳中和目标下的低碳减排进程科学、有序开展；最后，金融机构环境评价和业绩考核应考虑将碳减排贡献纳入其中，评估绿色融资对于碳减排的实际贡献。

生态文明建设与绿色循环发展体系下，碳排放核算前景巨大。

2021 年上半年，以国务院《关于加快建立健全绿色低碳循环发展经济体系的指导意见》为核心，包括各行各业的各个部门都发布了关于碳达峰与碳中和相关的政策，碳达峰碳中和工作领导小组也已正式成立，生态文明制度不断完善，推动产业结构从以高耗能高排放为主的"两高"向绿色低碳角度倾斜，并且在"双控"的努力之下，空气质量和水质量不断改善，长江流域生态文明治理也已经纳入了顶层设计并不断推进。

自 2021 年开始，生态文明建设目标的要求再度升级，尤其是中央政治局 7 月 30 日召开会议，分析研究当前经济形势，部署下半年经济工作，提出"要统筹有序做好碳达峰、碳中和工作，尽快出台 2030 年前碳达峰行动方案，坚持全国一盘棋"，表明了新阶段的生态文明建设将以绿色降碳为重点战略方向，真正令"两山"理念发挥实际作用，促进经济社会发展全面绿色转型，将人与自然和谐共生的目标纳入社会主义现代化国家建设之中，统筹经济和生态文明的和谐发展。

生态文明建设形势对金融市场的影响非常大，首先是央行与各大金融机构加快推进绿色金融发展和金融资源向低碳倾斜，绿色信贷和绿色债券余额又突破新高，且上半年碳市场正式开启，碳金融业务焕发了新的前景。总结这些形势，下半年需重点推进：一是要尽快以各个省份为主体，分别从各自优势行业出发，探索相关切实有效的减排路径以及行业碳排放测算依据和减排潜力，该工作已经开始在部分省份进行推进；二是要积极发展碳市场相关的金融服务和以碳排放权为标的的融资业务；三是要进一步探索能源转型的具体方向，以及碳达峰过后风电和水电如何继续发展。

环境信息评价纳入督察体系，温室气体测算工作进入快车道。

在碳达峰、碳中和首次纳入中央环保督察之后，生态环境部又发布了关于开展碳排放环境影响评价试点的通知，面向河北、广东、陕西等省份，试点地区分配的行业和当地的产业分布有关，例如，河北的试点行业是钢铁，广东则是石化，陕西是煤化工行业，浙江则是有色、建材、化工等行业。

试点地区的主要目标是在 2021 年 12 月底之前，发布各自分配行业的建设项目碳排放环境影响评价相关文件，研究制定建设项目碳排放量核算方法和环境影响报告书编制规范，基本建立重点行业建设项目碳排放环境影响评价的工作机制；并且在 2022 年 6 月底前，基本摸清重点行业碳排放水平和减排潜力，探索形成建设项目污染物和碳排放协同管控评价技术方法，打通污染源与碳排放管理统筹融合路径，从源头实现减污降碳协同作用，表明正根据各地区的行业优势，共同推进全行业碳排放环境影响评价体系的建设，以当地碳排放源构成特点为依据，结合地区碳达峰行动方案和路径安排开展相关工作。

在评价对象方面，测算工作以二氧化碳为主，并且建议有条件的地区开展甲烷、氟化物等其他温室气体的环境影响评价工作，是一项比较大的进步，同时也会研究碳排放水平的测算方法，并以此为依据开展碳排放绩效的核算以及减排潜力分析，最终目标是从能源利用、原料使用、工艺优化、节能降碳技术、运输方式等方面提出具体的碳减排措施与路径，以及完善环评管理要求。通过试点和差异化的环境影响评价方案反映了碳达峰与碳中和需要开展因地制宜的行动目标和计划，切实落实了各个省市地区根据具体行业发展特征和阶段的差异性的减排责任。

二、绿色金融视角下环境评价的重点与难点

金融机构需重点探索如何将"30·60"双碳目标纳入银行发展战略以及治理结构之中。

对金融机构而言，双碳目标应融入金融行业的长远发展之中，例如，在集团层面设立绿色金融专项推动小组，在总行层面设立一级部门绿色金融部，来专门负责绿色金融业务的产品设计和营销，并进一步推动分行和其他分支机构设立相应的绿色金融相关部门和职能部门。

在部门推动下，绿色金融产品和服务体系建设工作上也需要考虑关于绿色支行试点的建设，建立绿色金融分级组织架构。此外，绿色金融业务具备其自身特色，但不是与传统银行业务相割裂的，

在业务体系和管理机制建设上应适当加以考虑。

在经营活动的环境影响方面，金融机构环境信息主要应从直接和间接能源消耗、相关污染排放物开展统计披露，例如，应列出温室气体的总排放量、人均排放量和单位建筑面积排放量；在投融资活动的环境影响方面，应列出关于贷款的碳足迹测算方法，参照碳核算金融合作伙伴关系（PCAF）和气候相关财务信息披露工作组（TCFD）近年来的测算方法，根据各个贷款人和贷款项目的行业特征、贷款数额等进行加权平均计算碳足迹。

金融机构开展自身碳排放信息披露以及实现自身碳中和具备成熟条件，但其投融资活动碳足迹的测算仍需要进一步开展相关研究，尤其是需要相应的行业测算标准得到完善后才能建立金融机构的贷款碳足迹核算体系，并且不同银行之间的测算方法能否统一也是央行下一步建立"可操作、可计算、可验证"相关碳减排支持工具的一项前提。

碳排放本身基础数据标准体系建设需要加快推进。

要达成 2060 年碳中和目标，就必须实现碳净零排放，虽然低碳转型的本质之一是提高经济发展的质量、降低单位 GDP 的排放与消耗、提高生产效率，但面对碳中和承诺，应确保在各阶段实现碳减排的绝对量。因此，2030 年实现碳达峰和降低 65% 碳排放强度自主贡献目标在一定程度上具备过渡性质，在达峰期间需要建立起基础和科学的气候变化数据计量方法和体系。

当前，各个机构对于碳排放量的测算和统计存在显著差异，甚至有机构混淆了二氧化碳排放和温室气体排放，根据 IPCC 的报告，2019 年全球温室气体排放 524 亿吨二氧化碳当量，是将各种温室气体按温室效应大小统一折算为二氧化碳单位，中国 140 亿吨占 27%；而二氧化碳为温室气体的主要成分，其排放量约占全球温室气体排放总当量的 65%—80%，各国与各行业有差异，比如，农业碳排放就以甲烷为主。在此基础上，中国 2019 年的二氧化碳排放量约为 108 亿吨，很多机构也采用了这个数据，并以此为基础建立一些行业估算和减排策略。总体而言，中国对外需要建立自主的关于碳排放的权威测算和公开数据，对内则需要注重生产端和消费端的碳排放计量测算。

目前，国际上包括 IPCC 在内的诸多机构都是以行业生产作为碳排放的测算分类来制定减排依据，但对于消费端由贸易产生的碳排放转移问题也不容忽视，某地生产商品被其他地区消费，碳排放却计入该地区，不仅没有享受到 GDP 增长的红利，反而要面临减排压力，这种错综复杂的关联也需要进行科学的分析，并建立原始数据库。

三、含碳环评体系对我国金融业的重要机遇

金融机构可利用环境信息评价结果开展碳达峰与碳中和目标下的金融资源配置转变。

据计算，从现在至碳达峰时期，我国每年绿色投资需求大概在2万亿—2.5万亿元，从碳达峰到碳中和期间的绿色投资需求大致会增加到3.5万亿—4万亿元。碳达峰时期是一个分水岭，前期控制碳排放增量到达峰的难度是可控的，个别城市也基本实现了达峰，但要实现碳中和时期的净零排放，难度将会提升一个台阶，从而极大地提高了绿色资金的需求。其中，不仅包括新能源等绿色产业的投资，也包括大量传统行业转型过渡的资金需求。

绿色转型所需绿色投资支出相对而言更为重要，因为人们与碳排放相关的衣食住行活动的基本模式和产品需求没有发生颠覆性的改变，只是换成了更低碳和更环保的方式和产品，这就使得碳中和的减排要求以及社会各界的绿色需求，将以推动企业改变生产方式、提高资源利用效率、降低排放强度等为主要目标。

绿色投资应注重落到实处，而不是炒碳达峰与碳中和的概念。因此，对于金融行业在碳达峰与碳中和下的金融资源配置转变而言，像那些具备替代性的行业，例如，火电向清洁能源转换，金融机构可考虑通过资源优化配置推动资金从火电行业投资向清洁发电过渡；而那些虽然属于高排放，但并不是可以替代的行业，金融机

构不能对整个行业一刀切，这将会产生一定的风险，而应该以企业和项目为对象开展资源优化配置，不仅仅关注行业碳排放量，更要注重项目和企业的碳排放强度，即对于工业企业计算每单位行业产值所产生的二氧化碳排放量，对于商贸和服务业企业则计算每单位营业收入所产生的二氧化碳排放量，从而根据企业和项目的减排效益而不是行业特征来决定资源配置。

双碳目标将推动金融机构信贷评估体系发生转型。

2021年11月，江西资溪农商银行发放首笔个人碳账号绿色贷款，作为绿色金融面向双碳目标的一项创新和探索，具备一定的启发和参考意义，其中有用户通过绿色客户划分标准和绿色等级评定，在不提供资产证明的前提下就获得了额度更高和利率更低的贷款产品。

个人碳账户和企业碳账户的探索早有研究，但此前主要以促进节能环保和开展低碳生活的宣讲为主题，还没有明显的绿色金融的创新属性。碳账户有多种度量形式，例如，碳币、碳积分等，具体到纳入绿色金融创新的过程中具备两大前景：

第一，碳信用的来源：金融机构对个人低碳行为开展认定、量化、检测需要有一定的方法和标准。从产业的角度，对企业的认定较为简单，可直接按照央行的绿色产业目录和绿色债券分类标准发放贷款或发行债券。而对于个人碳账户来说，定义有效的低碳行为需要场景判断和行为记录，将用户的自愿碳减排行动产生的效果量化并计入碳信用账户。

第二，碳信用变现的模式：金融机构对于个人绿色信贷的创新，核心是信用评估方式的升级，个人碳账户未来具有在征信业务上的发展前景，但限于客观条件并不应该作为强制义务，而是可以成为一种提高信用等级的手段，没有抵押和资产证明的用户可以选择碳账户作为评级基础，并且金融机构需要研究碳账户在信贷量化上的尺度转换，以及市场化和流动性的前景。

绿色金融试验区有望推进金融机构碳核算信息披露试点工作。

金融机构的碳核算应纳入环境信息披露工作，由金融机构开展统计的优势在于：可以从具体产业和项目出发，促进资金精准直达绿色低碳减排领域，构建碳排放环境信息与金融信息的综合数据库，推动企业探索如何将污染物排放和自然资源等纳入资产负债表，有利于项目碳减排经济效益的测算，根据行业碳减排效率和排放强度制定双碳目标全局策略。

从绿色金融试验区开展试点的意义在于：依靠试验区的实践经验，细化量化指标测算方法，尤其是其他地区没有推广和开展的绿色金融项目，提前形成和积累经验；从试验区出发与从行业出发相比，试验区的行业分类和金融机构类型较为全面，可在足够的覆盖范围内综合开展披露业务；可以探索如何平衡披露和核算的成本收益，碳核算与环境数据的可得性是决定成本的最主要因素，数据的维度范围、不同数据的成本效益比是制定披露规则的基础。最后，金融机构应该意识到，环境信息披露的重点之一是对投资活动和金融行为的碳排放量和碳减排前景进行核算，这对于气候环境风险的量化和防范具有重要意义。

双碳目标下，环境披露带动了企业和金融系统的信用体系变革与升级。

2021年12月，生态环境部印发实施《企业环境信息依法披露管理办法》，目的是明确企业环境信息依法披露的主体、内容、形式、时限、监督管理等几项基本内容，同时将强化企业生态环境保护主体责任，并按要求规范环境信息依法披露活动。解决企业不知道自己要不要披露、披露什么、怎么披露、向谁披露等基本问题。央行近两年来积极推动金融机构的环境信息披露制度，现在环境披露体系由生态环境部推广到了企业群体中。

首先，从披露主体来看，并非所有企业都要覆盖到环境披露，主要是两类，一是重点排污单位或强制性清洁生产的企业，与减排目标充分挂钩；二是上一年度存在环境问题的上市公司和发债企业，向募集资金的企业释放了信号：融资与环境影响挂钩，企业要想顺利获得股权或债权融资，就必须重视环境责任。同时，地方环境部门也有权建立自己区域的企业披露名单。

其次，从披露内容来看，除一般污染物以外，碳排放信息（包括排放量、排放设施等）已纳入环境评价的范围，但行业碳排放按什么原则计算和核查正在完善之中，考虑到碳达峰目标的紧迫性，排放核查标准体系的建设已迅速提上日程，2021 年生态环境部发布了《企业温室气体排放核算方法与报告指南——发电设施》的征求意见稿，各行业的统一核算标准 2022 年起会陆续出台。

最后，从监管层面来看，生态环境部负责环境评价的监管工作，并且会加强企业环境信息依法披露系统与全国排污许可证管理信息平台等生态环境相关信息系统的互联互通，环境信息跨部门、跨领域、跨地区的共享将成为趋势，环境影响可能将成为企业的一项信用基础，从而带动企业与金融系统的信用体系变革与升级。

07 Chapter 7

碳市场与中国碳金融创新

经过数月筹备，全国碳排放权交易市场于 2021 年 7 月 16 日正式启动上线。纳入首批重点排放单位的市场主体包含 2000 多家电力行业企业，其所覆盖的碳排放量约 40 亿吨，几乎涵盖了全国碳排放量的 30%—40%，而后续在陆续纳入其他高排放行业企业后，将使中国超越欧盟，成为全球规模最大的碳市场以及国际低碳减排领域的中坚力量。

全国碳市场的建立和正式运行具备历史性的重要战略意义，不仅有助于在长期内助力碳达峰、碳中和目标的阶段性实现，更有利于推动"十四五"期间的污染排放权合理定价工作，以实现绿色金融的价格发现功能。尤其重要的是，全国碳市场的建立对于纳入碳排放的企业以及其他机构投资者而言将带来重大投融资机遇，且与碳排放交易有关的各项碳金融服务具备不可忽视的业务前景。

一、全国碳市场建设的现状、潜力与不足

第一，碳市场经历了较长时间的启动准备，屡次延期后仓促上线，在细节上需不断完善。

在 2030 年碳达峰紧迫目标下，企业开展碳减排任务刻不容缓，2021 年上半年原计划全国碳市场在 6 月上线，但最终推迟至 7 月 16 日，这可能与多方面原因有关：例如，上海环交所和湖北武汉登记所两大机构的建设工作较为复杂，环交所的交易规则直到 6 月才正式初步公布；在生态环境部此前所制定的碳排放权交易管理相关规定印发后，多地的地方政府、发改委、金融监管部门等亦存在一些具体意见反馈和讨论；此外，省级地方主管部门在碳市场正式启动前开展的初始配额分配需要反复思考与衡量。

碳市场上线较为仓促，而在初期则需要重视两个方面的问题：

一方面，根据欧洲碳市场近期对于配额计划的缩紧，目前我国碳市场上线后碳价初期在更大程度上受政策影响较大，应重视相关政策制定对于碳市场的初期走势与发展的影响。当前碳市场主体还是以纳入交易的电力企业为主，相关的各类投资机构还没有引入市场交易，也避免了初期热点投机跟风。按比例计算，电力行业整体

温室气体排放约 40 亿—50 亿吨，其他行业按"成熟一个纳入一个"的计划逐步进入碳市场交易后，最终可以实现全国 50% 以上的碳排放总量控制。根据较大的覆盖范围以及政策影响，自碳市场上线后，企业购买配额的需求将会更高，将推动碳价短期内趋向于上涨。

另一方面，对纳入碳交易的企业开展核查数据的难度和挑战非常大，目前面向重点排污单位的核查工作只是省级主管部门随机抽取而非普查，同时相关数据的认定、排放因子的规范取值等也需要进一步细化相关规则，应重视核查数据以及碳市场上线后的交易数据基础建设工作，以推动第一个履约周期时间范围和配额分配的制定。

第二，碳市场上线后短期内存在碳价波动风险隐患，有关部门需重点防范。

2021 年 5 月 19 日，生态环境部发布了《碳排放权登记管理规则（试行）》《碳排放权交易管理规则（试行）》《碳排放权结算管理规则（试行）》三项具体规定，将作为碳市场交易和履约的重要参考规则，而在碳排放权登记和交易机构成立前，相关服务依然分别由此前的湖北碳排放权交易中心和上海环境能源交易所负责运行和维护。

碳市场登记、交易、结算规定的出台表明应着重防范初期碳价波动风险，具体可体现在三个方面：首先，在登记规则上提出了重点排放单位以及符合规定的机构和个人都是登记主体，说明其他参与者包括个人都有机会参与到碳市场当中，账户开立的审核流程也较为方便高效，同时国家核证自愿减排量亦可以用来抵消配额清缴；其次，在碳交易规则方面，增加了碳市场启动初期风险管理的考虑，强调了风险防范机制，交易机构将按照市场风险调整单笔买卖的申报数量上下限，以及公开市场操作、风险准备金、异常监控等调节保护机制，还规定了涨跌幅限制制度和 T+1 制度，防止投机交易；最后，在结算规则方面，规定注册登记机构负责统一结算，谁负责开户谁负责结算，也着重强调了关于风险防范的监督措施，包括专岗专人、分级审核、信息保密等。由此可见，生态环境部三大文件的重要核心之一是自碳市场启动后，初期在规范性的基础上加强风险管理，交易所和相关部门防范风险的能力将决定碳市场能否尽快进入健康发展的进程中，真正做到为碳减排相关工作提供重要支持，避免成为投机场所。

第三，碳市场交易量较少，参与主体的活跃度较低，其积极性有待提升。

自 2021 年 7 月 16 日至 8 月中旬，在碳市场上线累计满一个月后，相关数据显示：配额收盘价从上线时的 48 元 / 吨已涨至 52 元 / 吨，累计成交额达 3.55 亿元，表明碳价首月涨幅较大，且未来也具备一定的上涨空间和潜力。但是从成交量看，目前累计成交量仅为 702 万吨，在过去的一个月内逐渐走低，且部分交易日单日交易量甚至仅有 2 万吨，与全部排放主体近 40 亿吨的年度总排放量规模相比不甚匹配。

在碳市场建立初期，交易量不活跃的原因与多方面因素有关：首先，目前纳入首批碳市场的电力企业仅有1600多家（约占80%）完成了开户工作，有更多比例的企业尚未正式入市；其次，大多数企业没有参与过地方碳交易试点，甚至有部分企业所在地没有开展碳市场，从而对于碳交易相关流程和操作不够熟悉，缺乏相关交易经验；再次，自碳达峰、碳中和目标提出后，很多企业管理者尚未意识到低碳发展的必要性以及碳排放权交易在碳中和进程中的重要性与碳业务的前景，从而缺乏参与碳市场交易的主观意愿与积极性；最后，当前从防范风险的角度，尚没有大量合格机构投资者，使得碳市场缺少流动性，而交易所也在计划时机成熟时会尽快将相关投资者纳入全国碳市场。

第四，中国碳市场具备自身特色，需有选择、有条件地借鉴欧盟经验。

在中国碳市场开市之前，欧盟碳市场是全球最大的碳排放交易市场，2020年的成交额占全球交易所总成交金额的88%，近1800亿欧元，并且欧盟建立了唯一的跨国碳排放权交易体系。从交易量上看，欧盟碳交易量占全球的77%，约70亿吨，并且欧盟碳市场以期货为主，有80%左右的交易量为碳排放权期货。

欧盟的碳市场早在2005年就开始启动，应辩证参考、有选择和有条件地借鉴欧盟经验，这对于我国碳市场未来建设具有一定的意义。

从碳价上，欧盟碳市场的碳价在 2020 年涨幅达到了 50%，2021 年欧盟又收紧了碳排放配额的分配，受欧盟提高 2030 年气候减排目标带来的企业对碳排放配额需求提升，以及投资者参与度提高的综合影响，2021 年 5 月碳价已经突破了 56 欧元 / 吨。对比我国碳市场，在全国碳市场开市之前，地方碳价较低，试点碳排放交易的碳价大概在每吨十几元到四十元不等，全国碳市场开始后也仅有 48 元 / 吨，虽然远低于欧盟水平，但对于电厂而言，初期较低，随长期减排目标平稳上涨，避免波动才是合理和稳妥的，因为欧盟碳市场初期（2—3 年）碳价波动较大是最需要避免的风险问题。

第五，在发展全国碳市场的同时也不应忽视地方碳市场交易业务。

2021 年，全国碳交易市场成交量达到 2.5 亿吨，约为 2020 年七个省市试点交易总量的 3 倍，成交金额达 60 亿元。碳市场不仅将碳排放外部性问题内部化，也具备政府减排量的目标导向性。但对于地区而言，地区性碳市场对于省级或市级的减排工作也具有重要支持作用，且地区性的碳减排工作进展与碳市场发展形势各不相同，碳价的地方差异也非常明显。在全国碳排放权交易市场上线后应继续推动地方碳市场与全国碳市场纵向并行，推动"多层次碳市场体系"的建设工作，积极开展地方碳市场建设，为地区碳减排工作提供支持，避免全国碳市场对地区碳市场建设产生挤压。

具体来看，首先，地区性的碳市场应在企业与行业准入门槛上具备地方特色，根据各地区碳排放行业构成陆续将相关行业纳入碳市场，同时对于排放量门槛也可以进行自由调整；其次，企业在交易上应具备自主选择自由，没有纳入全国碳市场交易的企业（第一批纳入年排放 2.6 万吨以上的 2000 多家电力企业）可考虑投入地方碳交易；最后，全国碳市场与地方碳市场之间、不同地方碳市场之间，在排放权的交易量上可考虑做到广泛互认和相互对接，提高市场活力和碳资产的流动性。

二、开展碳市场金融服务的必要性

第一，开展碳金融业务有助于从侧面提高绿色金融服务水平。

在碳达峰、碳中和进程中，规模以上企业，尤其是已经或将要纳入碳交易的高排放企业，逐渐产生了越来越多与碳资产、碳交易相关的金融业务服务需求，拓宽了绿色金融的服务范围，而广泛发展碳金融业务亦将从以下多个方面提高绿色金融的服务水平：

首先，碳金融业务有助于发展面向企业的碳计量基础数据服务，承担碳中和数据体系的前期基础工作，一方面是在下游为企业提供正确的碳排放参考；另一方面在上游建立碳计量基础数据的整合服务，便于顶层减排的统筹工作，以及接入相应的环境信息披露工作，加强绿色金融业务在各环节的联系并提高连贯性。没有基础数据就无法安排碳达峰前期的阶段性减排任务，阶段性任务将通过分解以确定每个时间点的减排目标。当碳金融业务逐渐具备规模性，将形成日渐成熟的行业标准，并维持相关行业的独立性，在碳计量基础数据的搜集、统计和数据库建设上提供专业服务。

其次，碳金融业务有利于在碳交易活动上提供金融服务创新，例如，用类似证券公司的营业模式，为企业在武汉碳登记市场和上海碳交易市场的账户开立、资产交易、价格结算等方面提供支持；用类似会计事务所的业务方式，为企业碳资产账户的核算和项目登记等提供审计服务并出具相关报告；其他方面也包括提供法律顾问服务等。碳金融服务将逐渐和传统金融业务区分开来，建立自身独特的服务模式、操作流程和相关标准，并在碳中和时期达到与传统金融服务同等级别的规模。

最后，碳金融业务有助于在企业开展绿色业务的信贷融资方面发挥与银行之间的桥梁作用，从专业角度帮助开展申请绿色信贷的流程操作，指导企业提供怎样的申请信息以便于更顺利地开展绿色投融资活动，助力企业减排与国家双碳目标的进程。

第二，碳金融业务将为金融机构带来业务增长和创新机遇。

碳市场上线后，碳金融业务将为金融机构带来机遇，中国实现碳中和目标或需投入数百万亿元资金，这离不开碳市场和碳定价机制的建立和完善，以及绿色金融的改革和升级。在各国应对气候变化实现绿色复苏政策和行动推动下，世界将迎来一场绿色低碳技术革命和产业变革，这对金融体系和金融机构而言，蕴藏着极为丰富的投资和市场机遇，其中就包括碳市场与碳金融。

目前，部分地区已意识到相关前景，例如，上海市银行同业公会和保险同业公会已发布《践行绿色金融助力碳达峰碳中和行动倡议书》，涉及银行信贷、发债、资管、资产证券化等方面。对于碳排放权融资，鼓励银行金融机构参与碳市场，要"积极参与全国用能权、碳排放权交易市场，创新碳排放配额抵质押融资、掉期和远期交易、配额证券化、碳场外掉期、碳债券等碳市场交易品种"，为金融机构提供业务指引。

在此背景下，各大商业银行也陆续开始积极布局碳金融市场，例如，建行和一些股份制银行先后开发了对于持有或托管CCER（国家核证自愿减排量）的企业或资产管理公司可通过碳排放权质押融资获得再度用于减排项目的3年期或5年期贷款产品，融资授信超过千万级别，利率低于普通产品。在碳市场上线后，商业银行有望继续在碳交易的配额履约、交易、增值等方面开展碳金融产品和业务的创新，包括履约担保、组合质押等，并且需要提高其流动性以易于风险管理。碳金融是商业银行在下一步金融支持碳中和目标的必争之地，而非银行类金融机构也正在考虑如何跟进，例如，CDM清洁发展机制的财务顾问、法律咨询等业务，以及相关的证券市场产品研究创新等。此外，碳排放权相关的融资业务和金融业务仍离不开完善的制度保障，以及政府的合理引导。

三、碳金融体系新阶段的创新方式探索

第一，高排放企业可探索自身碳资产管理业务新模式。

2021 年 6 月，为更好地满足碳市场业务发展需求，豫能控股计划将采用 5000 万元自有资金出资设立全资子公司"河南碳资产管理有限公司"。目前，全国范围内的碳资产管理公司已有多家，有独立开展碳资产业务的方式，包括碳金融、碳足迹、碳交易、技术转让授权等业务，也有母公司出资或合资设立的方式，例如，林业集团、低碳科技公司等，以母公司业务为主要服务对象开展相关的业务体系，例如，为林业发展提供投融资渠道，以及开展林业碳汇相关的碳金融服务业务，还包含碳汇抵质押融资等，表明高排放企业可以自己探索和发展碳资产管理业务，以自身需求为导向参与碳交易。

在全国碳市场背景下，纳入首批交易的 2000 多家电力企业将对于碳金融服务具备大量新业务需求，特别是碳排放权作为重要的资产，需要开展资产管理工作，当前现有传统金融市场基础设施和服务还没有能完全覆盖这些业务的要求，金融机构相关业务亦处于探索阶段，而以碳金融业务为主要业务的公司目前也正在起步。为更好地参与全国碳市场，能源行业自己设立碳资产子公司，包括大型企业独资和中等规模企业合资，相关经验将得到推广并被不断参考借鉴。

由此可见，一方面电力行业，包括其他各种即将纳入碳市场的

高排放行业，在碳市场上线后需防范碳价风险，具有风险管理需求，也有自身行业特色碳业务需求，设立碳资产管理业务部门或者子公司，以整合各类碳资产并开展业务有助于降低相应的成本，将碳金融业务细分，并加强与金融机构尤其是银行业的联系。另一方面，高排放行业在碳达峰、碳中和时代应开启转型，不仅需要进行生产方式上的清洁低碳转型，也可以探索向能源综合绿色服务提供者的方向进行升级，但不能偏离正常方向，以安然集团成立安然资本开展金融创新为前车之鉴。

第二，应积极探索碳金融相关衍生品创新开发工作。

2021 年 6 月，证监会提出要在条件成熟时研究推出碳排放权相关的期货品种，全国碳排放权交易市场在 7 月上线后，相应碳金融衍生品开发和上市也在加快进程。

我国碳排放期货的开发和上市工作预计将由广州期货交易所开展，广州期货交易所正在加快碳期货步伐，自 2020 年开始筹备之时，就事先确定以"绿色"和"碳排放"为主要的金融服务和发展方向，作为一家混合所有制的交易所，股东由我国四大交易所（上海、郑州、大连、中金所各持股 15%）以及其他几家民营单位共同组成，跟四大交易所呈现优势互补的关系。2021 年 4 月，广州期货交易所正式挂牌成立，但碳排放权期货并没有成为首个上市品种，其中有多种原因：首先，2020 年 5 月生态环境部表示碳期货推出时机还不成熟，建议广州期货交易所设立方案中删除碳排放权期货相关表述；其次，碳排放权现货市场直到 2021 年 7 月才正式上线，开展碳期货市场还不具备完善的条件和环境，需先稳定现货碳价，再逐步研究推出碳期货；最后，目前碳排放的相关核算和统计标准还没有统一和完善，这是碳现货和碳期货市场正常运行的基础。

从国际上看，已在期货交易所上市的碳排放权期货交易并不活跃，中国碳市场上线后整体交易量和活跃度并不高，碳现货交易缺乏积极性和规模，且国内碳价相对较低的情况下抢先推出碳期货缺乏实质意义。为此，广期所在观察碳市场上线后前几个月的碳价和交易情况后，制定详细的期货产品条款和交易规则将有助于碳市场的长期健康稳定发展，并逐渐推广到其他品种的碳排放权交易工具，最终建立以碳排放权为标的资产的现货、期货、远期、期权多层次碳金融衍生品市场。

第三，重视林业碳汇的发展前景，完善碳汇价值实现机制。

2021 年 4 月 26 日，中共中央办公厅、国务院办公厅发布《关于建立健全生态产品价值实现机制的意见》，加快推动建立健全生态产品价值实现机制。8 月 20 日，国家林草局提出了"十四五"期间将采取六大举措推进碳达峰、碳中和进程，其中就包括扩大林草面积以提升碳汇增量、提高森林质量以增强碳汇能力，努力满足 2020 年气候雄心峰会上提出的目标（2030 年森林蓄积量比 2005 年增加 60 亿立方米）。目前，我国森林覆盖率在 2020 年已达到 23.04%，蓄积量达到 175 亿立方米，自然保护区以及各类自然保护地面积占陆域国土面积的 18%。

　　林草局的举措表明碳汇在碳达峰、碳中和时期具备三个方面的发展前景：首先，林草局提出要完善碳汇计量监测体系，提高科技支撑能力，最终目标是建立全国林草碳汇数据库。碳汇数据库的建立有助于在后续开展林草碳汇支持碳中和相关研究的过程中提供基础数据，以及开发相应的林草碳汇关键技术，并且对于地区碳达峰、碳中和进程的相关信息服务工作具有积极意义。其次，将探索碳汇产品价值实现机制，推进林草碳汇交易并积极参与全国碳市场，尤其是表示将探索建立林草碳汇减排交易平台，鼓励各类社会资本参与林草碳汇减排行动。因此，碳汇交易平台的设立，有助于后续与全国碳交易市场的交易对接与标准互认，并从地区性的试点开始，与不纳入全国碳市场的区域碳交易市场和相关企业主体深入合作，探索从碳汇生产到与减排企业开展抵消交易的贯通多个业务链条的价值实现方式。此外，在发展人工造林碳汇资源业务的基础上，还需要进一步考虑原始林业碳汇资源如何实现价值转化。最后，绿水青山转化为金山银山的实现方式之一是将生态价值转化为经济价值和经济效益，能列入资产负债表中，也要具备流动性和可证券化。生态产品价值需要通过一定的机制才能实现可交易性：在碳汇交易上，对不同生态系统功能建立相应的价值核算体系，确定碳汇价值，并建立地区生态产品总值的统计制度，有助于最终实现将地区基础核算数据纳入国民经济核算体系之中，甚至考虑纳入国家资产负债表之中。在关于排污权交易的扩展上，逐渐健全排污权的有偿使用制度，有助于拓展排污权交易的污染物交易的种类范围和地区方位，探索建立用能权交易机制，推动负外部性转化为企业成本。此前，"十四五"规划提出了关于排污权、用能权、用水权、碳排放权的市场化体系建设，"十四五"期间将继续提高资源消耗权与污染排放权的市场化水平和标准化水平工作，推动开展多层次绿色交易市场。

在政策指导下，社会各界也逐渐重视林业碳汇的创新发展前景，在碳市场启动后把握好林业碳汇的发展机遇。例如，包括山西、福建等地已陆续开展多个森林经营碳汇项目，福建省生态环境厅在2021年7月4日透露，福建已经实现林业碳汇成交量275万吨，成交额4055万元，带动碳汇金融投资达5000多万元，形成了基本的林业生态产品价值实现路径。我国林业碳汇交易始于浙江省（2011年11月），除福建以外，十年间多地均相继有林业碳汇交易试点建设工作。根据目前各地对于碳市场背景下林业碳汇业务的重视，可以看出其存在的前景机遇和问题挑战：首先，在机遇方面，一是林业碳汇本身的业务前景，比如，福建的"森林生态银行"试点，把分散的森林资源整合起来，并推广国际FSC森林认证和造林经营等活动，为碳汇项目提供资源支持。二是林业碳汇的融资能力，比如，基于林业碳汇的金融产品，以碳汇远期收益权作为抵质押标的开展回购交易，或金融机构为碳汇项目提供初期直接融资支持，并获取未来碳汇收益现金流，以及2021年6月底广东首单碳汇保险落地，保险机构对碳汇造林项目提供风险保障亦属于林业碳汇方法学的实践应用。其次，在挑战方面，林业碳汇作为CCER纳入碳市场后，企业购买后只能用于抵消不超过5%的实际排放量，考虑到首次纳入碳市场的电力行业占据约40亿吨的碳排放量，那么计算后CCER的需求最高约为2亿吨左右，从而林业碳汇的最高需求量将在1亿—2亿吨，且CCER中的林业碳汇来源并不包括天然森林和经济林。同时在此背景下，林业碳汇项目融资的未来支付偿还能力仍然在一定程度上受碳市场具体发展情况和相关配额政策的调整所影响。

各界对碳汇前景的重视和探索也表明了生态系统碳汇将为碳达峰、碳中和进程提供重要支持。在全国碳排放权交易市场中，未来应广泛接入林业碳汇交易，除了高排放的电力企业以外，鼓励更多的林业公司入局。我国林业碳汇市场规模可能达到千亿级别，根据各方机构的测算，中国陆地生态系统总碳汇大概在每年8亿—12亿吨二氧化碳，约能覆盖总二氧化碳排放量的7%—10%。在此基础上，依据碳交易的价格以及未来碳期货正式推出后保证金交易的特性，市场规模有达到千亿级别的可能。与此同时，推动"西部绿色开发"也可以在林业产业获取林业产品收益的同时，以较低的成本获取林业碳汇收入。

我国林业碳汇业务应考虑从生产端、中间端、消费端建立一条综合服务链：首先，在碳汇生产端，林业生产者可建立碳汇合作联盟，开发规模化、集中化、标准化的林业碳汇供应服务；其次，在中间服务端，要提高金融机构挖掘林业碳汇项目的积极性，目前有部分金融机构和从业者已陆续主动与林业局和林业公司开展碳汇交易项目合作，未来应广泛提供碳汇交易的账户开立、交易委托、资金结算、法律资讯等第三方碳汇金融服务，推动碳汇金融产品创新和服务创新；最后，在碳汇消费端，污染排放企业可积极与林业企业和农户开展一对一的碳汇专项合作协议，促进新型减排模式的建立。

第四，碳市场发展过程中应探索碳金融相关金融指数的应用。

在 2021 年 7 月 16 日全国碳市场上线交易启动后，中央结算公司和全国碳排放权市场的参与机构联合发布了中债中国碳排放配额系列价格指数，是首次发布的碳排放权价格指数，包含"现货报价指数"与"现货综合价格指数"。现货综合价格指数已发布，结合盘前报价和当日结算价格综合计算编制，基点为 1000，基期为开市日 7 月 16 日。而现货报价指数计划在后续择机发布，原因在于碳市场初期纳入的企业只有电力企业，且参与交易的是符合国家有关交易规则的主体，还未更进一步全面开放投资，交易量和交易额的增长需循序渐进，因以防范碳价波动风险为初期重要任务，在后期碳市场逐渐成熟之后再进一步推进现货报价指数等工作。

碳市场金融指数的创新探索存在多方面的前景：首先，在碳市场启动后上线价格指数，一定程度上体现了碳市场建设初期就充分考虑了其金融属性，将金融市场的逻辑和方法充分应用到碳市场之中，有助于不断提高碳市场的国际化水平和标准化程度；其次，碳市场价格指数的初期意义在于反映碳市场上线后全国范围内碳价变动的走势趋势和碳市场运行情况，有助于为排放企业和投资者提供第一手参考资料，也有助于监管部门发现并防范碳价波动风险，碳市场初期是需要有政府干预投机炒作的；再次，碳市场价格指数目前虽然只是提供趋势参考，但相关可交易的金融产品的设立将是后续工作的切入点，有助于督促各金融机构积极跟进，并提高碳排放权相关交易活动的活跃度，拓宽碳市场的功能范围；最后，碳市场价格指数较早推出也有利于反映碳市场与其他市场之间的联动效应，令投资者判断哪些与应对气候变化高度相关的市场可以借助碳市场的产品来防范气候转型风险。

四、中国碳市场的未来：一场碳金融革命

随着碳达峰、碳中和进程逐渐获得政府、企业、个人等全社会范围内各大主体的高度重视，以推动行业减排为主要导向的全国碳市场将成为助力双碳目标实现的重要支柱。而随着双碳目标的不断推进，碳价将不断升高，碳交易规模稳步扩大，企业参与的积极性陆续提升，最终推动各类碳金融相关业务的蓬勃发展。为此，国内各大高排放企业与金融机构都应积极把握双碳目标建设阶段的碳市

场金融业务机遇，广泛开展投融资合作与碳金融创新。针对上线不久的全国碳市场，本书具体提出以下四方面举措建议：

第一，全国碳市场应重点加强风险管理问题，尤其以防范碳价波动与投机炒作为主，应加强市场交易量和交易涨跌幅的控制，严格加大投资者准入的审批门槛，控制碳排放权交易的中介风险和对手方风险。虽然碳市场上线初期交易量较小、卖盘偏少、碳价远低于国际水平，但碳市场是一个应当正常运行数十年的长期市场，其交易量和价格应保持循序渐进式的稳定增长，推动稳定与创新并存，加强政府干预与制度保障。

第二，碳市场交易与相关金融业务应不断提高与碳达峰、碳中和目标的长远切合性，使得碳市场的业务和碳价水平走势与双碳目标的进度相符合，配合各类碳核查、碳监测、信息服务、碳市场数据服务等。而企业也应将碳市场视为长期发展的机遇而非阻碍，实现碳达峰、碳中和目标不仅事关新阶段的中国特色社会主义现代化建设，更关系到每一个企业与个人的可持续发展。积极参与碳市场业务与推进双碳工作，与企业开展长远经营发展布局是目标一致的。

第三，碳金融将成为金融机构必争之地，应以双碳目标为导向稳步开展碳市场金融体系创新，包含工具、服务和业务等方面的创新。例如，将碳足迹与碳市场融资工具挂钩；或为高排放企业提供更低利率的碳排放权抵押质押融资产品（借碳交易、买入回购等），并将资金再度投入企业绿色减排领域；或积极探索碳金融的现货、远期等产品，支持碳基金、碳债券、碳保险、碳信托等工具的设计与发行。

第四，重视碳汇的金融前景与机遇，广泛开展林草等各类碳汇的抵押投融资业务，虽然我国森林覆盖率与林业碳汇总量并不能抵消全部的碳排放实现碳中和，但开展碳汇金融创新有助于建立林业多功能产业金融体系并打造多层次碳金融市场和多元化绿色金融产品体系，最终推动生态价值实现。

第三篇

大国战略

本篇导语

通过碳中和理念下的一系列系统性的政策转型，中国逐渐探索出经济社会发展的高质量出路，将生态文明建设、可持续发展进程、资源环境协调发展等融入其中，实现国力振兴和大国崛起，参与到国际竞争合作关系的重建之中，成为21世纪全球绿色发展国际赛场中一股不可忽视的新兴力量。

本篇以碳中和下的中美低碳竞争作为切入点，逐渐扩展到与美国的气候博弈、与欧盟的碳关税竞争以及与东盟的绿色金融合作，探讨中国如何通过碳中和下的大国战略升级以引领全球气候治理新方向。

08 Chapter 8

碳中和

——21世纪中美博弈新战场

  2021年4月22日，全球气候峰会举办，一些国家刮起了碳减排的"大跃进"之风。比如，美国在作出2050年实现碳中和目标承诺和2万亿美元涉及气候变化与能源转型的新基建计划基础上，再次承诺2030年温室气体相比于2005年降低50%—52%。日本提出2030年碳排放相比于2013年降低46%（此前是26%）；加拿大则将2030年减排力度比此前设定目标再提升10%—15%；英国更是激进地计划将在2035年之前减少78%的碳排放量并实现碳中和（比此前目标提前15年），等等。这些国家的减排新目标，看似大国雄心，实则"空头支票"。只有宣示却毫无切实有效的减排路径依托的背后，折射的却是围绕碳中和的新一轮全球博弈。

一、碳中和，全球新博弈刚刚开始

（一）与碳中和相关的四大全球新博弈

当下，全球低碳经济竞争日益白热化，现有 147 个国家作出了在 21 世纪中叶或之前实现碳中和的重大发展战略承诺，试图通过植树造林、节能减排、能源转型等各种方式抵消目前被视为引起全球气候变暖的首要因素二氧化碳的排放。这是难得的全球共识，但问题在于，共识兑现的路径怎样？减排背后的矛盾怎么解决？再出现像特朗普那样退出《巴黎协定》的重大变数怎么办？如何注资？谁来注资？通过怎样的规则、技术、标准来实现？这些问题都将涉及未来残酷且激烈的国际政治博弈。

大体来讲，碳中和将至少面临四大全球新博弈：

一是标准之争。为实现碳中和的目标，各国纷纷进入应对气候变化和发展低碳经济的快车道，但国际社会对新兴绿色低碳产业的行业认定、标准制定、规则约定、市场准入门槛等都缺乏共识，有的分歧还相当大。比如，中美在绿色项目与企业的信息披露机制方面就难以统一；中国发行的贴标绿色债券，只有约 10% 符合国际 CBI 标准；等等。可以肯定的是，未来各类低碳标准，将面临相当严峻的国际谈判。谁能占据先机，谁就有可能掌握全球低碳发展领导权。

二是技术之争。围绕新兴绿色产业与技术研发的竞赛，在全球早已展开。以前沿减排技术"碳捕集利用与封存技术"（CCUS）为例，欧盟、美国早已提前部署技术研发。相比之下，中国在技术链条上的发展应用水平并不一致，多项技术仍需持续加大研发力度与商业化改造。可以想象，低碳技术的领先，将伴随后续的技术授权转让、绿色产业升级等方面的更大红利。这无异于一场新的产业革命。谁领衔产业技术创新，谁就有可能领衔下一轮大国崛起。

三是经贸之争。在碳减排的约束下，跨国贸易投资与其他经济活动更偏好于在低碳经济体之间进行，商品交易与原材料生产、加工、运输的链条随之发生位移。全球供应链、产业链的绿色低碳转型势头会增强。绿色与低碳贸易壁垒会日益增多，相关的摩擦与争端也会层出不穷，以绿色低碳产业为重心的国际新经贸结构将逐渐代替原有的经贸格局，成为未来支撑国际经济体系的主流。谁在新经贸格局下快速调整，谁就有可能引领国际贸易流量。

四是资金之争。未来国际资本的投向偏好，将倾向于环境保护、生态修复、国土绿化、资源节约、绿色交通、清洁能源等领域。与碳中和相关的融资、并购、发债等议程，将升格为国际金融市场的重点热门话题，与之相关的还有低碳法律配套、资源估值、碳金融市场、环境信息披露、绿色股权融资配比等一系列新投融资规则的再制定与各国绿色优惠政策。谁透析未来国际投资的绿色化动向，谁就有可能塑造未来国际投融资的趋势。

（二）碳中和，中国在国际舆论上的新挑战

从 2020 年秋季以来的历次高层表态与各类文件、会议可知，中央决策层对实现碳中和的决心之大、力度之大前所未有。这不只是关乎持续发展的国家战略，也是展现中国负责任大国形象的切实行动。但从全球视野看，一场绿色低碳发展的国际话语权之争在所难免。

如果说技术竞争、经贸转向、标准重设或行业转型等领域，对中国而言，还仅是相对较长期须应对的事情，那么，作为第一大碳排放国家（约占全球 30%）的中国，在碳中和成为全球舆论共识的大背景下，当务之急，恐怕还会面临新一波的西方舆论攻击甚至抹黑，甚至不排除将中国视为导致全球变暖"罪魁祸首"、打压中国进一步发展的"政治图谋"。

一是因"隐含碳"而导致中国碳排放总量被高估的责任挑战。中国是"世界工厂"，中国制造业占全球比重约 30%，大量生活消费品在中国生产、他国消费，滞留在中国本土却不应该计入中国排放量的，就是所谓的"隐含碳"。很显然，国际社会长期采用的"领土内的排放责任"或"生产者负责"的碳减排原则，对新兴经济体是

不利的。早已实现工业化的发达国家，可通过向海外转移高排放、高污染产业的方式，实现减排责任转嫁的进口替代。

据 OECD（经济合作与发展组织）和红杉中国的报告显示，2015年中国净出口贸易中的"隐含碳"排放高达 20.14 亿吨，约为中国当年碳排放总量的 20%，是全球第四大碳排放大国印度的总量，约为 OECD 所有成员国滞留他国的"隐含碳"的 70%。换句话说，中国在碳排放总量里承担了本应他国承担的部分碳排放份额。发达国家贪婪的消费欲望，导致了生产规模的全球扩张，恶化了全球气候环境，却滞后性地将减排责任强加给新兴经济体。可以想象，中国极有可能成为西方国内气候政治的最大替罪羊。

二是基于"碳核算"的国际话语权旁落而产生的数据风险。目前，由国际能源署（IEA）、美国橡树岭国家实验室（Carbon Dioxide Information Analysis Centre, CDIAC）、全球大气研究排放数据库（Emissions Database for Global Atmospheric Research, EDGAR）、美国能源信息署（U.S. Energy Information Administration, EIA）、世界银行、世界资源研究所和英国石油等七家机构组成的碳排放核算机构，基本覆盖了绝大多数国家的碳排放核算数据，垄断了碳排放核算方法体系的国际话语权。

据国务院发展研究中心《国家碳排放核算工作的现状、问题及挑战》报告显示，目前根据中国向国际社会提交的《气候变化国家信息通报》以及中国科学院碳专项报告的核算结果看，国际机构碳核算普遍高计了中国碳排放量，最高达 7%。如果与中科院的碳专项报告相比，竟出现被高估 20% 的现象。可以想象，当碳排放越来越成为国际竞争的重要指标、碳市场越来越成为国际资金流动的重要领域时，一场碳核算的公信力之争就会出现。

三是以"碳斜率"为特征的中国持续发展与中外竞争的碳约束压力。构想一幅数轴图，横轴是时间，纵轴是碳排放量。碳达峰是最高点，碳中和是零点。很明显，1979 年碳达峰的欧盟、2005 年碳达峰的美国，都承诺在 2050 年实现净零排放，分别用了 71 年和 45 年，从顶点到零点的斜坡是较缓和的。但中国只有 30 年，是非常陡峭的"碳斜率"。

中国需要用更高的效率、更短的时间完成发达国家同样的任务。许多年长者还记得 20 世纪 50 年代伦敦雾都、洛杉矶化学烟雾污染的经历，中国没有走欧美国家"先污染，再治理"的老路，而是选择了一条坎坷的自我约束发展之路。笔者认为，中国崛起与历史上所有大国的发展有一个重要的不同点，就是"自我约束"。中国不侵略他国，不挑起战争，不输送难民，不欺负小国，承诺不率先使用核武器、签署绝大多数国际公约。现在，绿色清洁、低碳发展是新型的大国崛起文明，也是世界文明发展的新变化，另一方面，也是中国发展前所未有的压力。

（三）对外讲好中国"碳中和"的故事

碳中和是一项关乎人类文明存续的攻坚事业，也是颠覆现代化以来形成的空间格局、产业结构、生产方式、生活方式的一场文明革命。但碳中和在中国的实现，要比其他发达国家的难度与阻力更大，中国政府需要投入与付出的也远比其他国家多。

欧美国家普遍在 2040 年、2050 年甚至更早时间点的碳中和目标，令中国的 2060 年碳中和目标在国际舆论中显得被动。西方舆论普遍认定中国为全球经济强国，很难对"中国在未完成工业化倒逼碳达峰、以牺牲经济增长为代价而实现碳中和"产生共情。加之新兴绿色低碳行业认定与减排标准、碳金融规则约定与市场准入等，都面临着国际博弈和谈判，"30·60目标"的国际合作与竞争已经开始。

在中国，平均每 5 人才有一辆汽车；而在美国人均一辆车，且美国的汽车排量比中国更大。在中国，实际城镇化率只有约 50%，在美国则是 80%。中国人均用电量也只有美国的一半。碳排放相当大程度上代表着大规模生产、高耗能生活。中国人均收入仅有美国人的约 20%。中国未富，就面临着"碳约束"。若西方舆论还紧逼，势必会刺激中国一些人因不公平碳排放权而产生的"碳排放民族主义"情绪。由此来看，对内凝聚碳中和的社会共识，对外讲好碳中和的中国故事变得越来越重要。

第一，应掀起一场碳中和的社会教育风潮，塑造中国社会运行与民众生活的集体共识。当前，许多地方主政官员还不知道什么是"2060 碳中和"以及如何实现。大多数民众更是不清楚碳中和为何物，以及会给中国带来什么、自己能为碳中和做点什么。非能源外的一般企业对碳中和的热情也还不高。更深入、更普及、更持久的大众教育变得很紧迫，也很必要。类似"全国县委书记碳中和培训班""碳中和企业高管班""碳中和大众书系"等，都可以成为未来社会观念升级的重要方式。

第二，应重视碳中和的对外传播，培养更多低碳发展所需要的改革、法律、研究、教育等前沿人才。2021 年 4 月 30 日中央政治局就生态文明建设进行集体学习中明确要求各级党委和政府"明确时间表、路线图、施工图"。各级政府需要尽快拿出应对气候变化的具体落实方案，完善通过税收减免、贷款担保及其他绿色金融工具与政策激励，塑造市场为低碳项目融资的优化方式，加快完善全国碳市场，配置全国的金融资源与自然资产服务于"零碳社会"的实现。更重要的是，要激励各类善于对外交往的人才，用外媒发文、采访、新媒体、影视作品等方式在国际社会讲述中国为应对气候变化的艰辛与努力，提升中国气候治理的话语权与国际公信力。

第三，应尽快加大布局低碳技术，深化气候治理相关的技术成果转化与国际市场拓展。低碳技术不能重复芯片产业的国际被动局面，而应尽早占据中国低碳技术的国际至高点。这里不只是要尽快提升中国碳核算与低碳技术的国际市场权威度，大力开展气候环境信息的数据库建设，创建碳排放检测数据中心与监测平台、推广绿色智慧城市等，还需要通过技术升级、政策激励、基金引导、创建重点实验室等方式，进一步唤醒民企雄心，撬动产业资本，创新融资工具，激发民间热情，开展技术攻关与成果转化，加强与国际市场的合作，鼓励具有竞争力的低碳技术走向国际市场，营造全社会浓厚的、可持续的碳中和技术创新氛围。

第四，应以应对气候变化对话为重要突破口，缓解来自美国的国际压力与紧张氛围。美国当前已将中国列为首要竞争对手，各个领域的竞争甚至对抗之势加剧，但应对气候变化却是少数几个两国能真诚合作、追求共同利益的领域。通过气候变化应对，中美两国不妨延伸至绿色金融、光伏基建、绿色经贸等领域的对话，重塑因特朗普执政而受到严重冲击的两国接触机制。两国智库也可努力合作，研发更多绿色金融的评价性指标如碳盈亏、碳平衡表，建立更多"绿色金融国际合作项目"标杆库，夯实全球绿色金融合作网络，尤其是调动金融机构积极性，引领中美投资合作绿色化，推动美国投资者通过各种渠道投资中国的绿色债券、绿色股票、绿色基金和绿色项目，让绿色金融进入两国主流金融市场，最终通过应对气候变化以及绿色金融的杠杆，撬动更大范围的中美经济合作内在需要。

总而言之，碳中和是一场广泛而深刻的中国经济社会变革。是变革，必然会面临压力，但压力往往又是前行的动力。中国按照改革开放以来的有效经验继续坚定走好自己的路，按既定方针与自身节奏推动绿色低碳的转型，相信一定能在复杂的国际博弈中突出重围，实现中国长远的高质量发展，助力民族复兴。

二、气候峰会后的中美气候博弈

2021 年 4 月 22 日，美国总统拜登在"世界地球日"之际邀请了包括中国、俄罗斯等 38 个国家的领导人及两位欧盟领导人（欧盟委员会主席、欧洲理事会主席）参加为期两天的气候峰会，意图重建美国在全球气候治理中的领导地位并提高国际气候话语权，并以呼吁设立更高气候目标为由向中国施压，甚至联合各国开展气候合作同中国竞争。

中国国家主席习近平以视频方式出席了领导人气候峰会，并发表了题为《共同构建人与自然生命共同体》的重要讲话，强调中国要"坚持共同但有区别的责任原则"开展全球气候治理，并"坚持走生态优先、绿色低碳的发展道路"。可见，中国不仅没有在气候峰会上受到美国的影响和牵制，更不会被部分国家的减排新目标打乱自身的步伐和节奏。

在未来，气候治理问题将长期成为中美博弈的重要组成部分，中国虽然与美国在应对气候变化和低碳产业投融资等方面有希望进行有限的合作，但中美竞争对抗的背景与"全球绿色低碳经济战争"

的环境在长期内不会改变。为此，中国必须深入分析和研判全球气候治理新局面以及美国的动向，提前开展气候布局，掌握全球低碳竞争的主动权。

（一）美国气候峰会的战略意图与各方回应

美国对重夺国际气候话语权的迫切性

拜登上任后便立即重返《巴黎协定》并急于召开此次气候峰会，表明美国正式宣告已重回气候舞台，并意图成为全球气候治理的领导者。

随着中国提出明确的"碳达峰"与"碳中和"目标，且国内各部门开启碳减排全面布局，具备强大而高效的执行力，美国出于对霸权的维护，必然将在气候领域展开追进。在气候峰会上，美国在2050年实现"碳中和"的基础上，提出了新的减排目标，计划于2030年实现温室气体相比于2005年降低50%—52%。配合此前拜登政府提出的2万亿美元涉及大量应对气候问题和推进能源转型的新基建计划，足以体现美国在全球气候治理上史无前例的野心。

但从实质上看，美国举办此次气候峰会的战略意图至少有三个方面：一是在联合国《巴黎协定》外另起炉灶，按自身的规则重建气候秩序，以显示其气候治理的领导权；二是借高调宣布新目标计划的方式，削弱中国在应对气候变化上的国际影响力，防止将气候变化政策的国际领导者地位让渡给中国，实现对中国"绿色崛起"的遏制；三是向参加峰会的各国进行气候邀约，呼吁提高减排目标与资助贡献，修复自前任政府退出《巴黎协定》后受损的国际形象与国际关系，重新组建"气候联盟"。

推动各国建立减排新目标向中国施压

在气候峰会上，美国对于设立更高减排目标的呼吁得到了部分国家的响应。具体来看，日本提出了2030年碳排放相比于2013年降低46%的减排新目标（比此前26%的承诺高出了20%）；韩国宣布停止为海外燃煤电厂项目提供公共资助；加拿大计划2030年温室气体排放相比于2005年的减排力度从30%提高至40%—45%；巴西承诺2030年实现50%的碳减排并在2050年比原计划提前10年实现"碳中和"；英国则最为激进，计划将在2035年之前减少78%的碳排放量，并提前15年在2035年完成"碳中和"目标；此外，欧洲议会和欧盟理事会在《欧洲气候法》达成的临时协议中也提出将2030年较1990年减排目标从40%增加至55%。

部分国家的减排新目标营造出了一股气候治理的国际紧张感。美国重回《巴黎协定》后再度入局全球治理，如何与美国开展气候合作显然是当下各国必须面对的首要问题。而美国亦希望通过"气候联盟"推动甚至胁迫中国提高自主贡献目标，以领导者的身份追求国际新型"气候霸权"。

中国未在减排目标上盲目跟进

从现实角度来看，部分欧美国家在气候峰会上的新目标多半只是高调的空口承诺，除了表达对美国的呼应以外，几乎没有切实有效的减排路径。而中国、俄罗斯、印度等国则并未提出更新的自主贡献目标，从而使美国以开展气候峰会为名施压与胁迫中国的意图并没有达成。

中国计划在2060年实现"碳中和"有着减排绝对值上的重大压力，但在2030年"碳达峰"期间，此前提出的单位GDP二氧化碳排放（碳强度）比2005年下降65%的相对值目标有着一定的过渡性质，不以牺牲经济发展换取短时的碳减排贡献。中国努力走绿色发展之路，本质上是提升经济发展效率，归根结底是提升人民群众的生活质量，并满足日益增长的美好环境需求，而不是本末倒置地为了减排而减排，更不会以空谈目标的方式来提高气候治理国际影响力。

（二）中美气候变化的合作与竞争

中国可对中美气候合作抱有期待

在气候峰会之前，美国气候大使克里访华，在上海与中国气候特使解振华举行了为期三天的会谈。双方在会谈结束后发表了一份《中美应对气候危机联合声明》，表示"中美致力于相互合作并与其他国家一道解决气候危机"。全球气候变化是全人类共同面对的生存问题，使中美在气候治理领域存在利益重叠，并有望成为重启战略合作的起点。为此，中国对于中美气候合作可抱有一定的期待，具体反映在两个方面：

一方面，气候合作将缓解短期内中美紧张局势。当前，中美关系已经降至多年来最低点。在前任政府的极端对华政策下，拜登政府不仅要修补此前受到严重损害的国际关系，更要重拾自美国 2016 年退出《巴黎协定》以来停滞不前的低碳环保领域的国内政策与国际合作，重新与中国开展对话和交流。中美作为世界前两大经济体，同时也是前两大碳排放国，二者在气候变化上的行动举措与合作方式将成为世界各国的首要参考依据。

另一方面，中美有望在气候变化与低碳经济上追求共同利益。低碳环保是超越国别的重要议题，而清洁能源和绿色发展作为世界经济升级转型的大方向，本质上并不存在国际间的结构性利益冲突和意识形态色彩。中美在绿色领域存在较好的合作基础，至少可以追溯到 2010 年中国部分省市与美国的绿色金融合作以及 2016 年奥巴马时期成立的中美绿色基金。未来中美在光伏、锂电池、绿色交通等领域均具备深化合作的前景，并通过国际绿色投资扩大本国就业岗位、提升贸易进出口。为此，中美在气候谈判中求同存异并探索符合双方互利共赢的合作模式，存在可能性与可行性。

中美气候合作存在限度

尽管中国存在与美国探索气候合作的可能，但从客观形势来看，只能开展有限度的、小规模的短期合作，具体而言：

一方面，中美在长期内将继续保持竞争和对抗的关系，这将直接影响气候合作的范围和深度。2021年4月13日，美国国家情报总监办公室公开了2021年《美国情报系统年度威胁评估》报告内容，其中将中国列为威胁名单的首位，并提及气候变化上"势均力敌的竞争"。气候治理关系到国际资源的优化配置，随着低碳经济占据主流，国际气候利益冲突发生的频率将逐渐高于合作共赢。而中美作为世界前两大经济体，必然会成为冲突的焦点，不断削弱已有的合作基础。

另一方面，美国气候政策在长期内存在两大不确定性：第一，拜登政府执政存在窗口期，修复前任政府气候问题的过程使得新政策更难以开展，且继任政府亦存在完全推翻拜登气候政策的可能，从而使得中美之间长期而深入的气候合作具有较高的不确定性。第二，美国对于气候承诺存在违约风险。在气候治理的历史上，美国不仅极少兑现目标，反而屡次毁约，例如，2001年小布什宣布退出《京都议定书》，2017年特朗普宣布退出《巴黎协定》，奥巴马政府时期曾同意向"绿色气候基金"提供30亿美元但实际出资10亿美元。拜登政府雄心勃勃的2万亿美元新基建计划在财政收入预期和执行力等方面饱受质疑，美国在没有发挥气候治理表率作用的前提下谈国际合作没有充足的说服力。

应重视美国可能进行的气候压制

随着国际气候变化问题的日渐尖锐，气候治理已成为各国提升全球影响力和彰显国际领导力的新杠杆。在气候峰会没有达成牵制中国目标的背景下，中国应正确分析和看待美国未来可能进一步开展的阻碍和打压。

首先，美国或将通过"绿色贸易战"追求世界绿色经贸格局中的新型霸权。"碳中和"倒逼各国加速经济转型，使得清洁能源的使用与发展面临重大机遇，传统化石能源则面临或改造或弃用的风险，一场重组绿色经济贸易格局的重大转变即将出现。以石油资源为中心和纽带的"石油美元"霸权体系将逐渐衰落，以绿色低碳产业为重心的国际经贸新秩序将逐渐成为未来支撑世界经济的主流。美国出于对本国霸权的维护，将积极投入国际"碳中和"之路上的战略合作、利益博弈、贸易竞争之中，在新大国竞争主战场中将中国视为最大的对手。

其次，美国或将通过"绿色技术战"对中国绿色低碳相关产业技术研发展开遏制。当前，各大国在围绕新兴绿色产业的研发竞赛中已纷纷开足马力，目的是尽早抢占绿色低碳产业链的上游位置，向其他国家输出生产标准。美国也正通过挖掘低碳技术创新的国际领先优势，将其升格至与其他高新技术产业占据同等重要的地位，成为在中美低碳经济竞争中重要推动力，为后续的对外技术授权转让提供坚实基础，并可能对中国展开新一轮的"绿色技术战"，通过一系列技术禁令和企业制裁实现对中国的创新遏制。

最后，美国或将通过"绿色金融战"加大对气候融资与绿色资本流动的国际操控。世界经济的低碳转型升级使得国际资本将更青睐具备潜力与产能的绿色新产业，各国绿色产业的发展潜力与优惠政策将成为吸引外国优质投资者的新条件。与此同时，新一轮与低碳投融资相关的绿色金融博弈即将开启。拜登政府正在考虑为华尔街银行设定气候影响的全球标准，财政部和监管机构正拟定加强要求企业揭露环境冲击的规范。由此可见，美国可能通过新的"全球标准"在绿色资本的国际流动中实现干预和操控，包括对绿色投资提出准入限制，或在绿色低碳相关股票和债券指数的成分股中加入或剔除中国企业以直接影响投资者的判断。

（三）全球气候治理下的中国应对

西方国家早在 20 世纪 90 年代达峰，而中国作为发展中国家，工业化进程尚未实现，仍担当"世界工厂"角色，从"碳达峰"到"碳中和"的过渡期仅有 30 年，远低于发达国家的 60—70 年，减排形势相当严峻。处在不同的发展阶段，就要承担"共同但有区别的责任"。能否在气候治理上获得国际影响力，并不取决于减排承诺的大小，而应取决于对自主贡献的执行力。面对全球气候治理与博弈，中国应坚持自己的目标，团结可以团结的盟友，积极维护本国切身利益，做好阶段性的气候治理全面布局。

首先，中国在短期内应布局"气候舆论战"，掌握气候治理的全球话语权。中国在推动低碳减排的过程中不得不以部分牺牲经济增长为代价，展现了负责任的大国担当。在全球气候治理问题上，中国既要表达自身的减排决心和自主贡献目标，也要对外多提中国低碳发展的巨大付出，不断提升国际公信力。因此，在短期内，中国应积极布局气候低碳领域的舆论战，努力提升气候治理的话语权威，不受美国等西方国家的舆论指责与牵制。

其次，中国在中期内应布局"低碳技术战"，开展气候治理相关产业政策调整与技术成果转化。具体而言，应广泛建设绿色创新重点实验室和基地平台，建立绿色成果转化市场，对开展绿色高新技术的初创企业提供资金上的政策支持，设立绿色科技创新基金与绿色技术产权信息服务平台。同时在国际市场中要提前预防美国可能在低碳技术方面对未来中欧绿色合作展开的破坏和阻挠。

最后，中国在长期内应布局"绿色发展战"，走不被他国牵制的"中国模式"。在气候治理谈判上，中国应秉持着"美国先行"的原则，美国有义务率先实现自身承诺的气候目标。气候峰会反映了美国可能将气候问题作为限制其他国家发展的手段，但未必会将自身带进减排困境，若美国未能如期兑现气候承诺，反而进行回避与逃脱，将令其他国家陷入低碳竞争的困局。因此，中国要在长期内走好"中国模式"，将低碳经济转型作为提高国民经济发展质量的方式，而不仅仅将气候治理当作国际谈判与博弈的政治筹码，更不能受到以美国为首的发达国家的约束和牵制。

09 Chapter 9

警惕碳中和成为美国遏华新工具

——全球低碳经济战下的中国布局

2021 年 10 月 31 日至 11 月 12 日，《联合国气候变化框架公约》第 26 次缔约方大会（COP26）在英国格拉斯哥举行。气候变化问题已成为当下国际政治经济领域的最热门话题，联合国敦促各国尽快开展行动以实现本世纪中叶全球碳中和目标，而各国围绕碳中和与全球气候治理展开了越来越频繁的国际博弈与谈判。碳中和事关人类命运共同体的构建和存续，中国应在气候谈判与碳中和博弈中积极争取自身合理权益，对外讲好中国碳中和故事，在低碳竞争时代占据气候治理的主动权。

一、以碳中和为核心的新国际博弈已白热化

一方面，以碳中和为基础的国际互动新规则正在确立。各国广泛意识到应对气候变化和如期实现碳中和目标是独立于意识形态、地缘政治等复杂背景之外的共同使命，符合世界人民的终极利益。《联合国气候变化框架公约》第 26 次缔约方大会是中国提出 2060 年碳中和目标后参加的第一次国际气候大会。每次气候谈判得出的结果和规则，都为后续国际博弈打下铺垫，不仅影响到未来国际气候格局的演变趋势，更是中国和广大发展中国家积极争取气候利益和发展权益的重要变量。当前，气候谈判的焦点已逐渐向以碳中和为目标的碳减排气候行动集中，不仅包含一系列国际规则标准的制定和完善，例如，以国际标准化组织环境管理技术委员会所主导的碳排放相关标准，包括统计检测、核算核查、清单编制、碳捕集与碳封存技术等，推动各国积极开展国内温室气体标准体系的国际转化和缺项补齐；而且也包含气候融资、能源转型、控排量等气候行动目标的国家自主贡献承诺（NDCS），以阶段性国家路线图作为全球气候治理进程的基础。

另一方面，以碳中和为逻辑的国际新竞争赛场正在展开。《联合国气候变化框架公约》第 26 次缔约方大会在重建国际间战略信任和多边合作关系上已有积极成效，例如，100 多位世界各国领导人达成了关于森林保护的重大协议与共识，承诺到 2030 年将结束并逆转毁

坏森林；190 多个国家和组织组成联盟，同意逐步淘汰燃煤发电并终止对新燃煤电厂的支持，积极部署清洁发电项目，推动全球能源转型；碳排放量排名第三的印度在本次大会上首次提出了 2070 年实现碳中和的目标，正式参与到全球碳中和竞争之中。虽然大会关于煤电和森林保护等议题的谈判取得了重要进展，但对于如何采取行之有效的措施守住联合国 1.5 摄氏度理想目标，以及各国能否在提升减排力度上做出更进一步承诺等核心问题，外界对于《联合国气候变化框架公约》第 26 次缔约方大会的期待有限，且气候谈判伴随着激烈的政治博弈。

中国在气候问题上面临的最明显的国际政治博弈来自美国，二者作为全球温室气体排放量最大的两个经济体，其气候行动和博弈动向已成为世界各国密切关注的重点。美国总统拜登在《联合国气候变化框架公约》第 26 次缔约方大会上为上届政府退出《巴黎协定》致歉，并指责中国领导人未出席气候峰会。退出《巴黎协定》后对全球气候问题造成的重大损失用一句"道歉"就试图弥补，意图用口号而非实质行动掌握碳中和时代的国际话语权，是当前以美国为首的发达国家在气候谈判与博弈中的常见政治手段。美国这种气候盘算与伎俩，对一向恐华、抑华的诸多西方国家而言具有重要鼓动作用。可以预见，未来西方国家的诸多政客、智库、媒体对中国的气候应对指责将会加剧。围绕碳中和出现的国际博弈白热化趋势明显。2021 年 11 月 11 日，中美发布了《关于在 21 世纪 20 年代强化气候行动的格拉斯哥联合宣言》，双方虽然肯定了《巴黎协定》气候控温目标的共识，但美国在宣言中提到了将甲烷排放检测与减排纳入温室气体减排工作之中并要求中国制定相关战略，并以 2035 年 100% 实现零碳污染电力为由暗示中国加快抛弃煤电，意图打乱中国碳中和的进程与节奏，存在政治胁迫和道德绑架之嫌。

二、四种气候博弈的形式与手段

当碳中和作为全球共识逐渐加深后，发达国家与发展中国家围绕碳中和目标下的碳减排责任划分问题已成为气候谈判中的核心议题，美国等发达国家意图掌握低碳竞争时代的国际碳中和霸权，并利用碳减排这一政治工具对中国、印度等发展中国家的崛起进行遏制。

以碳排放总量为由开展碳减排道德绑架。美国在国际社会上向来以中国是全球最大的碳排放国为由胁迫中国承担更多的减排责任，认为中国是全球气候危机的罪魁祸首，忽略了中国的人口和经济发展水平，更忽略了中国作为发展中国家在气候治理中所作出的努力，甚至联合部分岛国就海平面上升问题向中国进行道德绑架与施压，利用碳减排遏制发展中国家的工业化进程。2020 年 9 月，美国发布《中国破坏环境》事实清单，就温室气体排放和其他环境问题无端指责中方，罔顾、无视和弱化中国的气候贡献，意图将全球气候变化问题的责任推给中国；2021 年 7 月，美国气候特使克里呼吁中国提高碳减排速度，且批判如果中国到 2030 年才实现碳达峰，则其他国家必须在 2040 年甚至 2035 年之前达到零排放才能弥补，意图绑架中国强制提前碳达峰与碳中和进程。

抢占碳中和产业的标准定义权。碳中和将带动一系列新兴低碳产业技术的孕育和发展，美国势必将抢占碳中和的专利授权、产业分类、标准认定和规则制定，并按照自身利益主导碳中和相关标准的定义权。例如，此前美国专利审查部门早已开展专利审查改革，开展加速审查程序推动环境改善和能源节约等绿色技术专利的通过与推广，加快有关环境质量、新能源发展、降低温室气体排放等发明专利申请以促进"绿色技术"发展，意图在碳中和时代占据绿色产业链的顶层地位，利用碳中和专利"卡脖子"，甚至借碳中和产业和项目的判定权来直接否认中国在相关产业开展的投入，降低中国的绿色融资吸引力。

开展国际碳中和关税战、贸易战、金融战。全球低碳经济之战也是一场贸易战和金融战。2021 年 7 月美国参议院民主党人正酝酿推出"碳边境税计划"，效仿欧盟对中国出口到美国的工业产品加征碳关税，全面掀起全球碳中和关税贸易之战，并同步开展绿色金融战，通过建立金融业气候标准为国际绿色投资设立门槛和阻碍，例如，2021 年 3 月拜登政府正在考虑为华尔街银行设定气候影响的全球标准，美财政部和监管机构正拟定加强要求企业揭露环境冲击的规范，以全面防止绿色资金流入中国。

对发展中国家设下碳减排资金支持的空头承诺陷阱。美国在COP26大会上提及了国内5550亿美元的清洁能源计划和对外每年30亿美元的国际气候援助，但这些计划仍卡在立法流程，美国可能利用对发展中国家的空头承诺来胁迫其按照自身要求的路径开展碳减排，但后续对承诺资金却不予实际兑现，令发展中国家陷入困境。此外，美国在全球环境基金仍有尚未结清的巨额欠款，在荒漠化公约、气候变化公约的应缴会费也没有缴付到位，令美国在气候行动的国际资金支持上严重缺乏公信力。

三、中国应积极争取碳中和国际话语权

碳中和不仅仅是低碳技术、清洁能源、绿色金融等表层领域的国际竞争，而且在更深层次上是一场国际话语权竞争，事关国家与文明的生存权和发展权。面对美国等发达国家在气候博弈中的遏制与打压，中国要勇于争取自身合理权益，对外讲好中国碳中和故事。

高度重视在国际话语权斗争上的碳中和"隐蔽战线"。全球气候治理国际博弈的背后是隐蔽的利益与意识形态之争。中国应在气候谈判中阐明中国参与全球气候治理的根本目的，对外用目标和行动来彰显中国积极发展清洁能源、推动生态环境保护治理、走可持续发展道路等工作是符合全人类共同利益的承诺和决定，以人类文明存续的视角看待碳中和议题，进而深度分析国际气候问题，勇于指

出美国等西方发达国家将碳中和议题运用为政治工具才是全球气候环境治理与人类文明进程中的最大阻碍，逐渐建立起中国的碳中和大国信用。碳中和是一条国际话语权斗争的"隐蔽战线"。尽管应对气候变化是独立于其他国际争端的重要共识，但中国在任何时刻都不可忽视美国和西方发达国家在气候问题上设下的陷阱，诸如其利用"第一大碳排放国"来引导世界各国将中国视为气候问题的最大责任人，以及利用2060年碳中和目标晚于发达国家来引导世界各国低估中国实现目标的难度和努力。纵观国际低碳竞争的各个重要领域，无论是气候承诺的制定、气候治理的成果展示，还是低碳产业的发展水平、零碳技术的开发运用，不仅仅是资金、技术之争，更是标准之争、规范之争、定义之争，本质上都离不开话语权之争，更是未来数十年内的发展权益、大国利益之争，必须在话语权斗争中反对西方所标榜的与西式民主、西式人权同等模式的西式气候治理原则。

掌握碳减排的解释权，对外讲人均和历史累积排放。当前，以美国为首的西方发达国家在国际舆论场上反复制造中国是气候问题的主要责任人却未承担碳减排责任的论调。中国在国际场合总结与分析气候问题的现状之时，应以科学和事实为基础，正确指明发达国家在工业化进程中产生的碳排放是当前气候变暖和极端天气灾难的最大元凶，不可无端要求全世界共同承担责任。发达国家人均碳排放普遍高于发展中国家，美国更是远高于世界平均水平，中国在对外谈及碳排放问题所展示的相关数据中，应以人均和累积为基础：2019 年中国人均碳排放为 7.76 吨，远低于美国的 15.47 吨；全球 200 多个国家和地区中，有 78 个国家的人均碳排放量高于世界平均水平，而其中有 56 个（占 72%）是发达经济体；自 1850 年以来，美国作为最大的累积排放国，共排放超过 5090 亿吨，占全球总量的 20.3%，导致了 0.2 摄氏度的全球变暖，而中国仅以 2884 亿吨占 11.4%，中国的累积碳排放量远低于美国。通过讲事实、讲数据，引导世界各国正视碳减排的国际责任划分问题。中国虽然是全球第二大经济体，但仍应向世界表明自身作为发展中国家的基本立场，令世界各国充分认识到以中国当前的发展现状、经济水平、减排进程开展碳中和行动面临的艰难，从而合理争取中国自身工业化进步和经济增长需求，以及中国人民改善生活水平的需求，不应受发达国家对于大国碳减排的道德胁迫。同时，中国对外在碳减排的成果展示上，应以单位生产总值碳排放（碳强度）和人均碳排放量的降低来作为对外宣传的主要指标，以历史累积碳排放量而非当年碳排放量作为碳排放大国的判定标准，开展大国气候行动合作。

重视"隐含碳"问题导致的碳排放总量被高估的责任挑战。碳总量核算原则是生产者原则，谁生产，碳排放算在谁头上。中国是"世界工厂"，应在碳排放问题上表明中国在碳排放生产者原则上面临的碳总量核算压力：中国制造业占全球比重高达约 30%，大量生活消费品在中国生产并出口到他国消费，而生产过程中所产生的碳排放（即"隐含碳"）按照生产者负责的原则被计入中国。国际社会应明确全球碳足迹的来源和去向，尤其是在中国的碳排放量中有7%—14%是为供应美国消费市场。中国需要令世界各国意识到美国等发达国家虽然消费了商品，却没有为其碳排放负责，使中国同时成为贸易净出口大国和碳排放净进口大国，该行为高估了中国在气候问题上的真实责任，令中国面临更严峻的减排压力，严重缺乏碳减排国际责任分配的公平性。为此，中国应高度重视"隐含碳"下的气候责任归因，提高生产者话语权，向以美国为首的碳排放消费者争取合理利益，例如，对部分高排放出口商品向他国征收一定比例的碳排放消费溢价，或积极争取并充分利用未来将开展的碳减排国际转让市场，令他国利用自身通过技术改造和碳汇开发所获得的减排量，按一定比例向中国转让以弥补其进口高碳产品对中国产生的生产者碳排放。

对外讲好人类史上最高效、最大规模的中国碳减排、碳中和故事。首先，中国应向世界表明自身碳减排行动面临的前所未有的困难程度，展现在此背景下取得的瞩目成就，让各国理解中国所面临的巨大困难和所需付出的艰苦努力：从碳达峰到碳中和，发达国家普遍需要60—80年，而中国作为发展中国家却只有30年，中国应对气候变化虽然面临严峻挑战，但中国已实现的成效有目共睹。截至2020年年底，中国碳排放强度比2005年降低约48%，在节能减排、能效提升、清洁能源、绿色交通、绿色建筑等领域所作出的贡献占全球总量的 30%—50%，表明"中国虽然是世界第一碳排放大国，但也是世界第一碳减排大国"的客观事实。其次，中国应对外积极展现大国责任心和担当意识，不仅要把自身阶段性碳减排目标达成状况、清洁能源装机增量与比重、绿色资金投入规模等指标公开透明化，令发达国家无法罔顾真相、歪曲事实；更要积极宣传对"一带一路"沿线国家的碳中和绿色合作与支持，向世界充分表明中国在用实际行动帮助发展中国家和不发达地区开展气候行动，而美国等发达国家仅有空头承诺。最后，对比美国等西方发达国家空头承诺、口说无凭、出尔反尔般的气候行动，中国应以讲诚信、讲担当、说到做到作为负责任大国的基本立场，在编制气候目标和成果汇报之时，公开中国与各国的气候目标达成程度、气候资金落实程度、碳中和进程的进展程度，以事实和数据为基础，证明中国在全球气候治理中的国际贡献，勇于应对发达国家的质疑和打压，充分展现中国的碳中和行动不仅是一场自上而下的社会经济系统性变革转型，更是一场世界范围内史无前例的最大规模的碳减排活动，具备极为强大高效的行动力和执行力。

10 Chapter 10

欧盟碳关税带来的绿色挑战
与中国应对

气候问题是一个全世界的经济问题和政治问题，气候政策涉及政府目标和全球治理之间的复杂关系，而欧盟在全球气候治理和谈判中占据重要影响力，在中国对外开展国际绿色低碳竞争与合作的过程中是不可忽视的国际组织，针对欧盟在气候领域展开的一系列动向，中国必须时刻关注并加以重视。

2021年，欧盟集中开展了一系列气候计划与行动，例如，7月14日宣布气候变化一揽子措施，包括碳边界调节机制（CBAM碳关税）、欧盟碳市场改革等十一个立法草案。其中，以碳关税对国际绿色贸易和低碳竞争格局的影响最大，涉及的范围最广。在世界范围内，欧盟是气候领域国际政策的重要领导者之一，其完善的碳市场和碳定价政策也为其低碳发展路径提供了基础支持；同时，欧盟是第一个在国家或高于国家级别范围内推出碳关税的地区，对于碳中和时代的国际绿色贸易和全球碳减排进程将产生不可忽视的重大影响。2021年年初，中国超越美国成为欧盟最大贸易伙伴，2020年欧盟从中国进口额达3835亿欧元，使得"气候贸易""气候关税""气候倾销"成为新阶段国际贸易的最重大问题。

碳关税，即碳边境税、碳边境调节机制，主要指运用贸易关税手段减少国际碳排放，最早在2007年由法国前总统雅克·希拉克所提出。欧盟计划对钢铁、水泥等导致高碳排放的进口产品征收一定比例的关税，以应对全球气候变化。碳关税的争议较大，将会影响国际贸易公平性，甚至对全球绿色贸易规则产生阻碍和破坏。为此，中国以及以制造业出口为主的发展中国家必须重视欧盟碳关税下隐含的国际绿色经贸问题与政治问题，重视自身发展权益，提前制定更为有效的应对举措，在全球气候治理中抢占优势领先地位，争取发展中国家的气候话语权。

一、欧盟加大绿色低碳投入以重振气候影响力

欧盟自20世纪《京都议定书》时期以来，在应对全球气候变化上所开展的行动成效有限，国际气候影响力日益减弱。最近一年

内，碳中和迅速成为国际政治经济最热门、最前沿的核心议题，欧盟集中出台大量措施加大力度开展气候转型，不仅大幅提高了成员国的计划减排量，还积极开展碳市场、绿色金融市场改革，意图尽快在全球碳中和竞争中占据优势，并重拾气候领导力和影响力，与中国、美国等温室气体排放大国展开绿色博弈。

从战略规划角度，欧盟通过"欧洲绿色协议"开展一系列绿色新计划，重建欧洲可持续发展体系。

欧盟高度重视碳中和时代绿色发展机制的重要性，意图建立起气候适应型和环境友好型的绿色经济发展模式，作为核心指导，推动"欧洲模式"成为发达国家群体的碳中和路径参考标杆。

第一，确定了区域碳中和减排目标承诺，在 2019 年 12 月由欧委会公布的应对气候变化、推动可持续发展的"欧洲绿色协议"中，欧盟提出到 2050 年令欧洲成为全球首个实现整体碳中和的地区。为确保欧盟所承诺的 2050 年净零排放，欧盟整体提高了减排量约束，计划在 2030 年实现将温室气体净排放量在 1990 年的水平上至少减少 55%，其所需的减排努力大幅集中在未来十年内的具体行动与规划之中。

第二，从实施路径的角度，欧盟在产业上制定了详细的路线图和政策框架，聚焦清洁能源、循环经济、绿色科技等方面，政策措施覆盖工业、农业、交通、能源等几乎所有经济领域，以加快欧盟经济从传统模式向可持续发展模式转型。例如，在交通运输行业，欧盟计划通过提升铁路和航运能力，大幅降低公路货运的比例，并加大与新能源汽车相关的基础设施建设，2025 年前在欧盟国家境内新增 100 万个充电站，德国、英国等汽车工业发达的国家则计划逐步减少并禁售燃油汽车。

第三，从货币政策与金融投资的角度，欧盟虽然没有明确提出具体的货币政策，但计划将参考气候变化与向可持续经济过渡这两个客观和主观因素，通过对通胀、产出、就业、利率、投资和生产率等宏观经济指标的影响，来影响价格稳定、金融稳定和货币政策的传导，根据其具体作用方式来将气候因素纳入政策框架之中，包括信息披露、风险评估、抵押品框架和企业部门资产购买等货币政策中，并通过税收、贸易、公共采购等内外政策，推动欧盟气候行动和经济转型顺利进行。同时，大力推动气候投资与低碳投资，政府与市场共同发力，带动私营部门的积极性，推出"可持续欧洲投资计划"，在未来欧盟长期预算中开辟出至少 25% 专门用于气候行动。欧洲投资银行启动新气候战略和能源贷款政策，到 2025 年将把与气候和可持续发展相关的投融资比例提升至 50%。

从绿色金融角度，欧盟出台欧洲绿色债券标准维护绿债市场，占据绿色金融支持气候行动的先手优势。

2020 年，欧盟绿色债券市场发展迅速，当年全球有 49% 的绿色债券以欧元计价，包括德国和法国均在绿债发行量上超越了中国，其主要原因在于，一是欧盟所提出的为了应对"漂绿"现象、保护投资者；二是欧盟收紧 2030 年的减排目标（包括此前提到的绿债革命计划下的新绿债标准、碳边境税草案、碳市场改革）以挽回欧洲气候治理影响力的意图必须依靠大规模的资金予以支持，并推动绿色资金与欧盟减排目标之间的联动性，例如，绿色债券标准与可再生能源和减排目标相挂钩、碳市场改革将与交通领域和航空业的碳定价挂钩、碳边境税和相关的货币与财税政策产生联系等。

欧盟将出台的绿色债券新标准是对现有标准的补充，具备自愿性，虽非强制法律规定，但将采用在欧盟登记并受监管的外部审查人员检查的方式进行项目核查，确保募集的资金 100% 用于符合欧盟绿色项目分类的用途（作为对比，中国绿色企业债则要求用于绿色项目的金额不低于募集资金总额的 50%，而绿色公司债则要求不低于 70%，另外 30% 的募集资金可以不用于绿色项目，可用于补充自身流动性需求，偿还其他未到期债务或应付利息，中国比例也低于国际惯例，国际惯例要求 95% 以上的资金投入绿色项目）。欧盟绿债新标准也将加大力度推动疫情后的欧洲绿色经济复苏，在新冠肺炎疫情之后欧盟所推行的 7500 亿欧元的复兴计划，将至少有 30% 的资金由绿色债券市场提供支持，并通过绿色升级大大提振生产效率。

欧盟绿债的市场化以及民营资本参与程度较高，中国则以国企和央企等优质发行人作为扩大绿色债券发行规模的主要组成部分，央企绿债的票面利率低于国企，二者也低于其他类型的债券，民营企业和资本开展绿色债券发行和绿色项目的积极性与欧盟相比仍存在一定的差距。在政府引导、市场参与的基础模式下，未来碳中和目标下的绿色发展进程需要大量社会资本的进入才能满足具体减排目标的资金、技术、管理等需求，欧盟在此方面存在一定的优势。

从减排路径角度，欧盟大幅提升减排目标以全力应对 21 世纪中叶的全球碳中和气候治理目标。

为及时推进欧盟碳中和进程，欧盟计划将交通和电力这两个领域未来十年内的短期减排目标进行大幅提高，预计欧盟将把 2030 年可再生能源的终端消费占比目标从 32% 提高到最新的 39%，整体占比将比 2020 年扩大近一倍，并将可再生能源在交通领域中的占比从当前的 14% 提高到 26%，其水平普遍高于欧盟成员国当前的 2030 年减排计划。

从能源目标来看，2020 年，欧盟可再生能源终端消费占比约 20%，相比于 2004 年（9.6%）提高了一倍，当年实现此前设定的旧目标，但当时的目标是按"国家行动计划"的方式分配给各个成员国，绝大部分国家均在 2020 年得以完成，新目标在很大程度上是在考验各成员国加快部署清洁电力的决心。为此，欧盟竞争监管机构正在考虑修改国家援助法，计划允许成员国对可再生能源项目提供最高 100% 的补贴，提供政策支持，而不仅仅是依赖市场。欧盟可再生能源计划反映出两点：第一，欧盟大力提高减排目标，包括 2019 年计划的绿色债券革命与欧洲绿色新政，具备一定的必要性。因为欧盟 2020 年人均碳排放量近 8 吨，高于中国，且自 20 世纪 90 年代以来的改善幅度极低，欧盟的减排优势主要在于成员国人口较少且经济发达，从而总排放量低且经济发展综合质量高。欧盟要在2050年左右实现碳中和的难度高于各界预期，并且欧盟自《京都议定书》时代以来就逐渐在丧失气候治理的国际话语权和主导权地位，在光伏等清洁能源产业上的发展增速和优势也不及中国，不得不通过建立更激进的减排目标来弥补差距。第二，欧盟的计划表明电力部门减排在碳净零排放目标中占据核心地位，并且欧盟清洁发电目标能否实现在很大程度上取决于终端电气化进度和终端能源消费需求的增速，该过程将伴随着电力供应的清洁替代。

从减排路径来看，欧盟预计将在能源领域开展两项基础性工作，一是将可再生能源在能源结构中的约束性目标进一步提高到40%以上，并将该比例通过各成员国具体进展状况和未来阶段性目标来进行分配，细分为成员国的清洁能源替代承诺，同时建立起成员国目标考核机制；二是提高能源利用效率，从整个欧盟大范围层面上提高具备约束性的强制节能目标，成员国按照统一的能效标准开展能源行业的技术升级。而欧盟在减排辅助领域的交通方面则更为激进，2026年起欧盟的道路交通将被排放权交易覆盖，并考虑将航空业也纳入碳市场之中。

二、欧盟启动碳关税的目的与影响

当前，全球各国还未就碳边境调节机制（碳关税）的具体规则、模式、实现方式等达成一致，并没有建立起全球气候治理框架下符合各国低碳减排利益的公平机制，也没有专门的国际碳关税同盟或协定。而欧盟启动碳关税所宣称的用意是希望欧盟国家针对全球其他未遵守《京都协定书》的国家课征商品进口税，因为欧盟本身的减排政策较为严格，国内生产商面临较大的碳约束成本，在欧盟碳排放交易机制运行后，欧盟国家所生产的商品将遭受不公平竞争，特别是境内的钢铁业及高耗能产业。

但是，碳关税的性质在当前碳中和背景下的国际贸易格局中发生了变化，碳关税在一定程度上是一种贸易保护主义，欧盟推出碳关税之举本身却将加剧全球范围内的贸易不平等，不利于广大以制造业生产和工业化出口为主的发展中国家，尤其是与欧盟贸易往来频繁的国家。

首先，欧盟计划推出的碳边境税损害了发达国家和工业化国家之间的碳减排的公平性，不利于发展中国家的合理权益。

欧盟的《碳边境调节机制议案》中提出，计划自 2023 年起，与欧盟有贸易往来的国家如果不遵守相关的碳排放规定，其出口至欧盟的商品将面临碳关税的征收。碳排放规定、关税额度等几乎均由欧盟单方面决定，没有任何谈判与协商，其目的和意义必然存在争议。

从企业角度，欧盟对进口产品征收碳关税，将直接削弱那些具有较大碳排放足迹的石油、钢铁和其他行业的外国供应商的合理利润（据相关机构预测，欧盟实行碳关税后平轧钢产品、半制成金、烟煤、机械和化学制浆等行业的潜在利润将下降10%—65%，平轧钢材行业的平均利润将下降高达40%），并使部分清洁产业的公司具有暂时性的竞争优势，使得跨国企业面临更大的减排压力和转型难度。

从碳减排的国际公平问题的角度，碳边境税在一定程度上会损害部分发展中国家的合理利益，因为在国际贸易和全球产业链中，部分发展中国家处于产业链的中下游地区，从事高污染、高消耗、高排放的工业生产和产品组装等，既没有实现GDP的高质量和高效率发展，也负担了较高的碳排放量。以欧盟为主的处于产业链上游地区的部分发达国家消费了这些商品，但并没有为商品所隐含的碳足迹进行补偿，反而有大部分第三产业占比较高的发达国家已经早早实现碳排放达峰，此时欧盟推出碳边境税将进一步加剧国际碳减排责任划分的不公平性。发展中国家必须面对的问题是在气候问题谈判上不得不为了共同利益而加强合作和共同发声，综合生产端和消费端的碳排放足迹对国际碳减排责任进行气候治理谈判。

其次，在"隐含碳"问题的客观背景下，欧盟碳关税颠倒了"隐含碳"问题的责任分担。

从国际角度，发展中国家普遍存在"隐含碳"问题，例如，中国作为"世界工厂"，制造业发达，生产了大量被其他国家进行消费的产品，从而本土滞留了大量"隐含碳"，属于由发达国家产业链外包形成的碳排放转移，该问题在进口原材料进行生产并出口成品的国家较为普遍。据统计，中国的"隐含碳"在2015年的总量大致为20

亿吨二氧化碳当量（数据停留在 2015 年，原因在于投入产出表存在一定的数据时间滞后性），大约占当年全国温室气体排放量的 1/4。

根据碳排放生产者原则，这些处于工业化进程和产业链下游的发展中国家面临着碳总量核算压力，例如，中国制造业占全球比重高达约 30%，大量生活消费品在中国生产并出口到他国消费，而生产过程所产生的"隐含碳"按照生产者负责的原则将被计入中国。但国际社会并没有统一完善的核算机制明确全球碳足迹的来源和去向，尤其是在中国的碳排放量中有 7%—14% 是为了供应美国消费市场，有更高比例供应欧盟国家市场。欧美发达国家虽然消费了商品，但没有为其碳排放负责，使以中国为首的部分发展中国家同时成为贸易净出口大国和碳排放净进口大国，高估了这些国家在气候问题上的真实责任，令其面临更严峻的减排压力，严重缺乏碳减排国际责任分配的公平性。

同时从国内角度，"碳锁定"的问题也在"隐含碳"的基础上困扰着发展中国家，发展中国家尚未实现工业化，以化石能源为基础的技术系统和能源利用系统所建立的经济发展模式具有强大的惯性，例如，火电厂的寿命周期长达数十年，即便提前退役，也要面临资产搁置和满足稳定用电需求的矛盾，并且对于不同地区而言也存在对于地方财政的不平衡影响和矛盾，最终给发展中国家带来了相当严峻的减排压力。

综合国内外面临的压力，碳关税推出后，发展中国家不仅没有在"隐含碳"问题上得到发达国家的碳补偿，反而还要面对碳关税带来的损失，加剧了国际绿色减排进程的不公平性。

最后，欧盟碳关税对本国企业的保护属性大于其气候治理的国际属性。

欧盟相继推出了碳关税和欧洲碳市场改革等十一个立法草案，这些措施虽然是欧盟实现减排目标的内部政策工具，并且打着应对全球气候变化的旗号，但事实上很大程度上是为了欧盟的一己私利，并对其他国家的气候政策乃至全球贸易规则产生的负面影响高于正面影响。

从客观事实来看，欧盟的碳关税增加了其他国家出口到欧盟的成本，尤其是以制造业出口为主的发展中国家。但欧盟却认为，欧盟制定碳关税是为了防止"碳泄露"问题，因为欧盟减排政策收紧后，部分欧洲企业会倾向于外迁到减排政策宽松的国家和地区。欧盟碳关税的真实目的其实并不是为了应对全人类气候危机和共同减排，而是应当源于欧盟本身减排成本较高，使得高碳产品的最终价格较高，同时绿色产品的绿色溢价也较高，从而不具备成本优势，那么外流的企业在低减排成本条件下生产的产品进入欧洲后会产生"碳倾销"，因此欧盟需要碳关税来防止本国企业遭受损失。

但同时，欧盟在建立碳市场后，对于减排成本较高的欧洲企业会发放一些免费的碳排放权配额以防止企业外迁，碳关税和免费配额的功能产生了重复，欧盟正在讨论碳关税是否可以用来替代免费配额，甚至在 2021 年 3 月进行了议会表决，但最终并没有顺利通过。碳关税推出后，据外界估计，未来欧盟可能将对受碳关税保护的相关产业取消免费碳排放配额。从其他国家的视角，欧盟碳关税的影响远不止防止欧盟地区产业外流和"碳泄露"（此前议会表决中也对于碳关税是否能起到与免费配额同等级别的效果还无法证实），而是会深刻影响全球贸易体系和规则，尤其是在中欧投资协定叫停后和中国之间的贸易关系。

三、中国应对碳关税的战略举措

欧盟碳关税在正式施行并推广后将带来一场潜在的国际低碳贸易之争，也是气候治理的国际话语权之争。对此，中国等发展中国家必须积极应对并争取自身合理权益，反对带有贸易保护主义色彩的碳关税机制。

首先，碳中和时代的国际绿色贸易并不应该以欧盟碳关税战的形式进行，而应坚持包容、开放、互利、共赢的可持续发展理念，中国可在此基础上发展并完善环境产品降税清单机制。

2021 年 7 月 16 日，习近平主席应邀在北京以视频方式出席亚太经合组织领导人非正式会议并发表讲话，提出了四个方面的呼吁，包括加强抗疫国际合作、深化区域经济一体化、坚持包容可持续发展以及把握科技创新机遇。在可持续发展方面，中国再次重申了

"30·60"重要目标，并强调中方将支持亚太经合组织开展可持续发展合作，完善环境产品降税清单，推动能源向高效、清洁、多元化发展，最终推动联合国2030年可持续发展议程，涵盖了经济增长、社会包容和环境保护三大维度的结合。由此可见，面对日益严峻的国际碳中和竞争形势，中国开展环境产品降税清单将是中国在亚太经合组织以及更大范围内开展绿色合作、建立正确的国际绿色贸易多边机制的重要举措。

环境产品降税清单多年间一直受到国际间的重点关注，此前涉及大气污染控制、废物处置、可再生能源、环境友好产品等多个领域，特别是污染治理产品纳入了清单的多个领域。降税清单过去曾对我国的贸易影响很大，不仅带动出口贸易额增长，更对环境方面具有特殊利好，例如，在成员国内相互降低关税以减少环境方面的进口成本，并将其继续用于环保投资产生乘数效应，同时也有利于环境技术引进以及环保企业"走出去"，应对欧盟的碳关税战略，构建自己的绿色贸易伙伴和规则。

中国应积极向世界展现如何建立起符合各国共同利益的贸易合作机制，在国际碳中和进程下的新合作阶段中不断完善亚太经合组织环境产品降税清单。具体来看：第一，碳中和时期的环境产品降税清单需要在环保的基础上加强关于应对气候变化的考虑，尤其是联合国在2021年以远高于过往的频率反复强调全球气候变化的重大问题，令全球气候治理在2030年可持续发展议程中的地位不断提升，相比于欧盟的碳关税，APEC（亚太经济合作组织）的环境产品降税清单更符合进出口双方的环境利益；第二，应不断改善环境产品的生命周期评估问题，在绿色低碳领域需要进一步加强具备气候效应产品的生命周期评估，包括碳排放和碳足迹测算等方面，尽快建立起区域标准；第三，在环境产品的基础上，环境合作中的低碳减排服务合作也是清单机制中需要重点考虑的内容。

其次，绿色贸易上的合作与竞争并非国际气候治理的唯一领域，应在气候格局大框架下积极寻求区域气候投资与产业合作。

气候治理和可持续发展是独立于其他大部分国际事务的，无论原有的国际关系如何，各国面对全球气候变化必须共同探索人类的出路，而《巴黎协定》控制温度上升 2 摄氏度的目标是远远不够的，必须尽力争取控制在 1.5 摄氏度以内，且气候变化合作应当独立于政治层面的道路，和意识形态无关。在此背景下，欧盟碳关税显然在一定程度上违背了共同应对气候变化的国际宗旨，在人类命运共同体下追求不平等、不公正的自身利益。

无论国际间在基本政治问题上存在何种分歧或摩擦，在气候变化上的工作仍应当与其分开，并且要讲事实、讲科学、讲证据。这一理念体现在过去自美国退出《巴黎协定》后，中美之间国家与联邦层面的合作有所停摆，但是像加州这样的地方政府依然与中国上海和广东等地有良好而紧密的合作，并且受到联邦两党执政窗口期的影响程度较小。地区性的气候变化合作相对更具优势，比国家层面和跨国区域层面更具备灵活性，且目标更为明确，国际关系层面的顾虑较小，客观阻碍因素（国际战略互信、长期不确定性、相关标准的讨论和制定）在省市的视角下也并不突出。

在具体气候治理与减排行动合作方向上，可按多个细化层面开展：一是能源转型合作，以清洁能源对化石能源的替代为主，开展区域清洁能源技术更新与基础设施建设合作；二是产业转型合作，主要包括推动高耗能产业的耗能提升以及生产技术低碳升级，打造跨国绿色产业链价值链；三是技术升级合作，广泛开展绿色技术创新合作攻关；四是市场体系升级，包括推动地方政府和跨国市场双向发力、建立和完善生态价值评价体系、发展碳市场与碳金融等多个方面。

最后，应注重在"十四五"期间积极寻求绿色国际合作机遇，为碳达峰、碳中和目标下的国际气候治理打下基础。

在2021年春季提出的"十四五"规划中，关于国际合作方面提出要"共同维护全球产业链供应链稳定畅通"和"全球金融市场稳定"，并"参与国际金融治理能力"，以及"加强绿色发展领域对外合作和援助"。欧盟碳关税折射的不仅仅是国际绿色贸易竞争，更是气候治理话语权之争与碳中和综合竞争。面对欧盟碳关税下的气候打压和遏制，中国应积极寻求绿色合作与出路。

对于"十四五"期间的国际绿色发展与合作而言，中国从国家层面还需要继续开展以下多项工作：

第一，将绿色合作作为"十四五"国际合作的具体方向之一，努力在全球绿色产业链供应链中占据有利地位，发展新型绿色贸易伙伴关系，反对碳关税下的贸易保护主义，推动绿色产业的相关原材料、生产技术、终端产品的进出口贸易，降低贸易壁垒，在相关产业政策上提供一定的贸易关税优惠便利，推动数字经济、绿色经济、绿色贸易、低碳治理的多重结合。

第二，开展"十四五"国际金融的绿色升级，应不断提升本国绿色产业与项目的融资吸引力，提高开展绿色项目的企业披露环境信息的主动性和积极性，推动企业加强项目的绿色透明度，增强绿色资金的国际流动性。同时，提高融资流动性需要推动国际性的绿色产业分类标准和绿色金融体系标准的统一建立和国际互认。此外，还可考虑建立国家级的绿色产业投资基金并对外国投资者开放，对国际绿色融资的吸引力是建立国际绿色投融资伙伴关系的重要基础之一。

第三，需建立稳定的绿色对外长期合作机制，比如，跨国绿色合作高级别论坛，也包括建立新型绿色合作组织并对外提供技术援助和授权，尤其是对发展中国家和欠发达地区提供持续且实质的政策、技术、资金支持，从而在国际绿色产业投资和国际气候环境治理中做好引领和牵头工作，真正成为 21 世纪全球气候治理的领导者。

四、碳关税背景下中国绿色发展的对策建议

应对气候变化和实现碳中和已经成为全球共识，但具体应当用何种路径实现碳减排以及建立何种国际合作机制还需要国家之间不断进行谈判和博弈。全球碳中和世纪目标会带来广泛的国际气候合作，也会带来一系列绿色金融战、绿色贸易战、低碳科技战等，其中就包括欧盟掀起的碳关税战。面对碳关税，中国应积极思考应对举措，按自身节奏开展碳中和目标下的国际绿色合作与竞争，加强对话和谈判，推动自身和国际应对气候变化进程，具体而言：

第一，碳关税虽然在一定程度上改变了全球绿色贸易格局的方向，但其影响对中国而言是可控的，中国需要按自身计划和节奏做好碳达峰、碳中和目标下的绿色低碳发展阶段性工作。

中国拥有全球范围内最完善的产业链和供应链，面对碳关税下的国际贸易格局演变和斗争，从根本上看仍要中国强化自身绿色产业实力和竞争力，调节和重组进出口资源。为此，在碳中和时期，不仅要推动能源利用、工业生产的绿色转型，也要注重绿色产业链、绿色供应链的国际化、标准化和绿色升级，大力推动绿色技术创新升级，提高绿色产品的低碳附加值，建立和完善绿色低碳技术的国际授权转让机制，最终不断提高在国际绿色价值链中的地位。同时，需要在数字赋能时代加强数字技术和数字化转型对于绿色升级的支持，例如，将区块链广泛运用到绿色运输之中、将大数据和

云计算普及运用到绿色消费之中、将分布式能源管理大范围运用到清洁能源发电和输送之中，带动高耗能行业与企业开展数字化和低碳化融合升级，利用数字转型推动生产方式、生活方式、城市规划、社会治理的低碳变革。

第二，中国需要重视争取在国际绿色贸易中的话语权和舆论主导权。

众多"隐含碳"、碳净进出口和碳关税等问题，不仅反映了发达国家的碳霸权：在全球工业化时代产生了大量累积碳排放，是造成 21 世纪气候变化和极端天气问题的最大元凶，却不仅没有为此付出实际代价，还在"隐含碳"问题上打压工业化国家，并在碳关税问题上进一步加剧国际贸易不平等；也更反映出中国作为发展中国家，尚未完全实现工业化，在应对气候变化上却主动承担了比理论和道义上更大的国际责任。为此，中国应在国际绿色贸易背景下正确向世界指出"隐含碳"、碳关税等问题所带来的不公平性，提高工业国家的低碳话语权，向以欧盟为首的发达国家和碳排放消费者争取合理利益，积极向欧盟和其他发达国家展开关税和贸易的对话与谈判，及时做好国际低碳舆论战和话语权争夺的充分准备，并完善自身碳排放核算与核查机制，建立符合自身利益以及国际减排公平的碳排放信息披露规范。

同时，为有效应对碳关税，还可考虑对国内出口的部分高排放商品向欧盟等碳排放消费国征收一定比例的碳消费溢价，或积极争取并充分利用未来将开展的碳减排国际转让市场，令他国利用自身技术改造和碳汇开发所获得的减排量，按一定比例向中国转让以弥补其进口高碳产品对中国产生的生产者碳排放。

第三，中国需开辟自己的绿色国际合作道路，发展低碳盟友。

碳关税缺乏公平性，也不利于全球绿色可持续发展，建立全球碳关税机制并没有足够的可能和必要。欧盟碳关税的影响是覆盖全球的，不仅中国将面临巨大压力，俄罗斯等其他对欧盟出口较大的国家也会大幅降低竞争力。在全球气候治理环境下，碳关税成为全球体系的前景较小，但也应注重防范欧盟和其他发达国家共同建立碳关税同盟，联合对外打压工业出口国家。

中国应在欧盟推出碳关税损害全球绿色贸易公平和气候治理进程的对立面建立自己的低碳盟友与绿色合作伙伴，以重视发展中国家、工业国家和欠发达地区的基本诉求为合作理念，广泛开展绿色产业升级合作、绿色资金国际支持、建立和完善区域间跨国碳市场和碳价机制，以互利共赢为原则开展气候治理与气候合作，并在国际气候谈判与博弈中联合发展中国家群体共同发声。

11 Chapter 11

面向东盟的绿色金融对外合作：
广西机遇

　　中国与东盟在绿色金融领域具有良好的合作基础，随着"碳中和"进程加快，中国面向东盟的绿色金融跨境合作迎来历史性的发展机遇。基于"碳中和"的视角，本书探讨了东盟成员国绿色资金需求、碳汇金融业务、海洋生态治理等绿色金融合作前景，从东盟绿色金融发展制约因素、中国绿色金融发展存在短板以及国际绿色金融博弈风险等方面分析了中国与东盟开展绿色金融合作亟须解决的问题，以此从政策、市场、机构以及合作等层面提出中国开展面向东盟的绿色金融合作的推进路径。中国应强化"碳中和"背景下绿色金融政策宣传，广泛提高对外绿色金融服务水平，推动将广西建设成为面向东盟的区域性绿色金融中心，不断提高绿色金融合作的层次性。

一、碳中和进程下，中国应推动与东盟的
绿色金融合作

东南亚国家联盟（ASEAN，简称东盟）成立于1967年8月，为东南亚地区的一个政府性国际组织，由印度尼西亚、马来西亚、菲律宾、泰国、新加坡、文莱、柬埔寨、老挝、缅甸、越南10个成员国组成，基本涵盖东南亚地区的所有国家（除作为候选国的东帝汶[①]）。东盟自成立以来，不仅建立了高效而牢固的区域合作机制，亦积极寻求对外合作，并与中国在经济、贸易、金融等方面建立了良好的合作伙伴关系，国际影响力持续提升。东盟作为《区域全面经济伙伴关系协定》（RCEP）的发起方，将与RCEP其他成员国共同推动经济开放，不断降低关税壁垒，推动区域经济一体化和贸易自由化。

随着"碳中和"进程的加快，以及新冠肺炎疫情后各国经济绿色复苏带动的需求[②]，绿色金融合作逐渐在国际合作中占据主流地位，涉及领域涵盖国际绿色融资工具的发行、海外绿色产业项目的投融资、跨境环境信息披露的共享等。金融资源是推动国际绿色产业发展的重要力量，推进绿色资金的跨境流动，服务于绿色低碳项

[①] 周士新：《东盟扩员的制度困境——以东帝汶为例》，载《东南亚纵横》，2019（6）。

[②] 王文、崔震海、刘锦涛：《后疫情时代中国经济绿色复苏的契机、困境与出路》，载《学术探索》，2021（3）。

目的建设发展以及区域贸易的绿色升级，逐步成为绿色金融合作的重要方向。绿色金融有望成为中国与东盟开展国际合作的重要领域，对提升南海与西太平洋地区高质量协同发展、推动开展生态环境治理以及建立低碳国际合作体系等，都具有十分重要的意义。从地区角度而言，以广西、云南等与东盟国家相连的省份为重点，结合其区位和政策优势以及跨境绿色投资活动与金融合作下新生的地方诉求，亦有望探索合作模式与路径。

针对中国和东盟之间存在的绿色金融合作机遇，探讨符合双方共同利益的可持续发展合作框架，对于实现区域绿色一体化，推动全球绿色金融发展迈入以东南亚地区为中心的"亚洲时代"，具有重大的现实意义。当前，在中国和东盟生态城市合作、能源投资转型、基础设施建设环境效益、贸易活动环境影响等方面的研究较为丰富，但较少涉及绿色产业中所存在的金融合作与投融资活动。目前，尚未有研究探讨如何将应对气候变化纳入跨境绿色金融业务的具体实践中，使之具备时代性与前瞻性，而跨境绿色金融合作作为推动可持续发展的引擎，相关领域的研究非常不足。基于此，本书注重从国际视野以及时代视角切入，第一，中国与东盟开展绿色金融合作具备哪些优势？尤其是"碳中和"理念的深化为绿色金融跨境合作带来哪些机遇？第二，在东盟内部层面、中国层面、国际层面存在哪些制约中国与东盟开展绿色金融合作的因素？第三，综合各方优势及面临的困境，中国应如何推进面向东盟的绿色金融合作？

二、中国与东盟绿色金融合作的基础分析

中国与东盟积极推进在环境保护与治理、生物多样性防治、绿色产业投融资等领域的合作，具备绿色合作的坚实基础。在推进"碳中和"进程中，东盟绿色产业发展产生了巨大的技术和资金需求，而中国亦不断积极推动对外绿色金融开放和项目投资，各类政策措施和市场互动为中国与东盟开展绿色金融深度合作提供了良好条件。

（一）战略框架与高层对话下绿色交流合作基础

构建以绿色发展为导向的国际合作体系是 21 世纪各国应对全球气候危机的必然要求。经过近十年的努力，中国与东盟已基本建立牢固且长期的绿色合作机制。

1. 基本构建绿色合作顶层设计框架

2016 年 9 月，国家生态环境部与东盟成员国环境主管部门在广西南宁共同发布了《中国—东盟环境合作战略（2016—2020）》与《中国—东盟环境展望：共同迈向绿色发展》两份文件，提出要构建绿色政策的对话交流机制、环境影响评估机制、生物多样性与生态保护机制、环境产业新技术推动绿色发展机制等，为中国与东盟开展区域环境合作提供了重要的框架指导。2017 年 11 月，第 20 次

中国—东盟领导人会议同意发表的《中国—东盟战略伙伴关系2030年愿景》，提出加强环保、水资源管理、可持续发展、气候变化合作，包括落实《中国—东盟环境合作战略（2016—2020）》。中国与东盟已建立起国家层面的绿色合作开放平台，通过该平台，双方不断吸引各类专项资金、财政资金、社会资本的投入与支持，推动绿色合作迈向新阶段，提升至以"碳中和"为背景的跨境绿色投融资新高度。

2. 开展环境合作论坛进行对话交流

在《中国—东盟环境合作战略（2016—2020）》与《中国—东盟环境合作行动计划（2016—2020）》等文件的指导下，中国—东盟环境合作论坛已成为双方在环境治理领域的重要对话平台。中国—东盟环境合作论坛自2011年10月在广西举办后，已连续成功举办9届，历年主题涵盖了绿色转型、可持续发展、生物多样性保护等领域，通过开展专家探讨、经验交流和信息共享，达成了一系列绿色发展的战略共识和子领域合作模式与框架。中国—东盟环境合作论坛通过不断提升深度和广度，已经成为双方探索绿色合作实践道路的重要沟通桥梁。

3. 推动生态环保合作纳入"一带一路"倡议

中国与东盟在生态环境保护上具有基本共识，双方于2009年通过了《中国—东盟环境保护合作战略（2009—2015）》，2011年联合制定了《中国—东盟环境合作行动计划（2011—2013）》。在"一带一路"倡议的推动下，中国已与东盟所有成员国政府签订了"一带一路"相关合作文件，积极开展战略对话与经济合作，现已成为东盟的重要投资者。绿色发展理念始终贯穿于"一带一路"倡议中，生态环境合作与绿色产业投融资逐步成为中国与东盟深化经济合作的新引擎，绿色"一带一路"建设正是题中应有之义。2019 年 5 月，中国—东盟生态环保合作周系列活动在北京举办，开展了包括生态友好城市合作研讨会、环境信息共享平台工作组会、应对气候变化政策与行动研讨等多项活动，促进了中国与东盟在环境保护、气候治理和可持续发展等领域之间更务实与深入的合作。

（二）"碳中和"顶层设计下政策与市场环境基础

气候治理关系到全人类的命运和未来，符合世界各国的共同利益，为应对全球气候变化，绿色产业以及相关投融资活动成为独立于意识形态和国际关系的重要合作领域。中国与东盟充分意识到绿色合作的重要性，中国提出了 2060 年"碳中和"目标，东盟部分国家也相继提出了绿色低碳减排的长期政策。

1. 东盟成员国提出"碳中和"下绿色低碳推进路径

东南亚国家是《巴黎协定》的缔约者和全球低碳减排的积极参与者，东盟各成员国不仅陆续制定了以碳净零排放为目标的减排措施，而且先后向联合国递交了自主贡献报告和近年来提高的新增目标，将应对气候变化置于与东南亚经济发展同等重要的地位。作为"碳中和元年"，2020年已成为各国绿色产业发展的分水岭，东盟成员国陆续将低碳减排与绿色转型上升为国家战略，并不断落实到行动中，为开展国际绿色合作提供了最重要的顶层指引，带动了"碳中和"时期绿色产业发展所需的资金、技术、贸易、人才等需求。

2. 中国面向东盟的金融开放为绿色产业对外投资提供良好的政策环境

近年来，中国与东盟金融开放合作的顶层设计逐渐清晰，签订了包括《东盟十三国换汇架构拟纳入人民币与日元》《中华人民共和国与东南亚国家联盟关于修订〈中国—东盟全面经济合作框架协议〉及项下部分协议的议定书》等在内的促进金融开放门户的相关合作协议和倡议，为建立共享、开放、流通的投融资环境提供了有力支撑。2018年12月，经国务院同意，中国人民银行等十三部委联合印发《广西壮族自治区建设面向东盟的金融开放门户总体方案》，在推动面向东盟的跨境金融创新、扩大金融服务业对内对外开放、支持广西加快推进绿色发展等方面提出了一系列支持措施。国家层面提出的面向东盟的金融开放政策，为对外开展绿色金融业务合作和服务创新提供了前提条件。作为与东盟开展绿色金融合作的先行者与示范者，广西以推动东南亚地区整体绿色产业转型升级为目标，不断构建与升级开放、创新、包容、高效的绿色金融政策环境与市场环境。

3. 中国深入推进面向东盟的绿色金融改革创新以建立市场基础

2016 年，中国人民银行等七部委联合发布《关于构建绿色金融体系的指导意见》，正式提出要"建立健全绿色金融体系"，以"动员和激励更多社会资本投入绿色产业"。指导意见还提出，要"广泛开展绿色金融领域的国际合作""积极稳妥推动绿色证券市场双向开放"并"推动提升对外投资绿色水平"，拉开了中国对外开展绿色金融合作的序幕。2017 年，中国人民银行在浙江、江西、广东、贵州、新疆五省区建立了八个绿色金融改革创新试验区，为探索构建绿色金融体系、开展绿色金融改革创新迈出了重要步伐，几年来不断取得阶段性成效，例如，广州绿色金融试验区积极探索绿色金融市场交易机构与国外交易所成立合资公司，强化多边开发融资体系，推动粤港澳大湾区绿色金融业务创新；浙江湖州与衢州试验区则积极引入绿色金融业务较为成熟的国际银行业金融机构，加强沟通交流，借鉴学习发达国家和国际知名银行业金融机构的绿色信贷政策、行业准则和绿色信贷产品创新模式。在借鉴试验区积累的经验优势以及充分发挥金融开放政策优势的基础上，广西积极开展面向东盟的绿色金融改革创新，在南宁、柳州、桂林、贺州四个地级市设立绿色金融改革创新示范区，推动当地金融机构开展绿色金融业务，并进一步完善绿色信贷统计的范围和标准。2020 年，广西绿色贷款余额达到 2836.87 亿元，同比增长 26.3%，其中，四个绿色金融改革创新示范区绿色贷款余额 2029.11 亿元，新增绿色贷款占全区的 55.95%。[1] 广西深入推进绿色金融改革与创新，加快建立要素完备、制度健全、资金流动高效的绿色金融市场基础和环境基础，将为面向东盟开展绿色金融业务合作探索新路径。

三、"碳中和"背景下中国与东盟绿色金融合作的机遇

东盟的成立在很大程度上有助于东南亚各国共同应对全球气候环境变化带来的危机与挑战，消除内部绿色产业升级和绿色投资的壁垒，降低资金流动和区域碳减排的成本。与此同时，作为一个整体对外开展绿色合作与气候治理谈判，满足成员国的共同需求，极大地提升区域绿色发展的效率和质量，并为与中国开展绿色金融与低碳经济方面的合作创造有力条件和发展前景。

（一）东盟绿色资金缺口与中国"双碳"目标带动绿色投资具有匹配性

1. "碳中和"进程开启后绿色产业将出现跨越式增长

目前，东盟国家每年需要 2000 亿美元的绿色投资，而每年资金

---

① 谭卓雯：《广西绿色信贷快速增长 2020 年全区绿色贷款余额 2836.87 亿元，同比增长 26.3%》，载《广西日报》，2021 年 3 月 15 日。

供给仅有 400 亿美元，从 2016 年至 2030 年共需要约 3 万亿美元的绿色投资[①]，从而使得中国积极投入东盟绿色金融市场具备重要潜力与战略意义。同时，随着"碳达峰""碳中和"共同组成的"双碳"目标在中国进入实质性阶段，中国开展"双碳"绿色投资将不仅局限在国内绿色产业，更会与东盟各类绿色产业投资需求进行充分匹配，带动国际合作。在 2020 年全球进入"碳中和"发展新阶段后，原有的高排放、高能耗、高污染的产业将不再成为大部分国家的重点支持对象，其产生的环境影响、社会影响等也将逐渐降低项目的盈利预期，提高投资风险，从而国际金融资本将逐渐转向投入低排放、低污染、高能效等绿色发展前景的优势产业和项目，令社会投融资流向从"高碳"向"低碳"发生倾斜。随着绿色低碳经济在国际范围内逐渐成为主流后，东盟的绿色资金缺口还会持续扩大，进一步拉动绿色资金需求，为中国"走出去"企业和金融资本提供对外投融资的重大机遇。

2. "碳达峰"实现后的绿色投资新增长点

对于中国和东南亚地区的发展中国家而言，采用合理措施降低碳排放量至碳排放达峰在实践上具备客观可操作性，通过降低过剩产能、改用清洁原材料、提高资源循环利用效率、实施清洁能源替

---

① 姜业庆、龙昊：《东盟绿色金融商机无限》，载《中国经济时报》，2018 年 8 月 20 日。

代部分能源消费等举措，可以稳步实现社会总排放量的基本达峰。但达峰只是一个过渡阶段，最终目标是要实现全球碳净零排放、达到中和，而达峰后稳步下降至碳净零排放需要更具颠覆性的技术和加倍的资源投入。由此可见，与从现在至全球碳排放达峰的前期阶段相比，从碳排放达峰至21世纪中叶全球进入"碳中和"状态的后期阶段，东盟地区的发展中国家所需的绿色金融投资需求将产生跨越式增长，具体体现在绿色生产新技术、大规模清洁能源、稳定供电网络、碳捕集与碳封存等方面。

（二）国际间碳市场为东盟带来碳汇投融资新模式

在"碳中和"进程中，绿色产业在原有的节能环保属性的基础上，正逐渐加强低碳减排的重要属性。同时，碳排放权交易和碳金融业务的战略地位也在逐渐提升，中国未来与东盟探索国际碳汇金融合作实践存在前景与增长点。

1. 东盟成员国的林业碳汇资源基础

东盟成员国普遍地处东南亚热带地区，森林覆盖率高，林业发达，为碳汇业务提供了优质的资源基础。借助气候优势，东盟林业与农业较为发达，例如，缅甸的林业出口是当地外汇收入的重要来源，而越南的林产品出口逐年增长，出口量常年位居东盟第一和亚洲第二。东南亚地区的森林覆盖率（森林面积占土地总面积的比例）

约为 47%，高于全球平均水平（全球森林总面积约 40 亿公顷，覆盖率为 31%，中国森林总面积 2.2 亿公顷，覆盖率约 23%）。随着"碳中和"进程带来经济生产活动上的观念革新，资产的评估方式和标准发生转变，使得类似森林、湿地等具备吸碳和固碳能力的碳汇资产具有越来越高的评估价值，为林业发达的东盟国家带来大量的碳汇业务发展前景，也为中国与东盟的碳汇投资与合作提供机遇。

2. 国际间碳市场为碳汇价值国际转化提供条件

当前，国际间碳市场的建立有望取得实质性进展，跨国碳排放权交易体系与区域性的碳交易市场正处于探索阶段，若将碳汇引入碳市场交易，则碳排放权配额不足或生产排放超标的主体可以通过购入碳汇对其进行抵消。2021 年 11 月，苏格兰格拉斯哥举行了第26 届联合国气候变化大会（COP26），《巴黎协定》各缔约国将继续就此前在 COP25 上未达成共识的第六条"允许国际间碳交易市场"规则进行新一轮的谈判，涉及排放量统计、配额分配、标准互认等多个方面，与各缔约国的利益切身相关。COP26 对于碳市场的谈判取得了积极成果，有助于东盟国家探索区域性跨国碳排放权市场交易体系，并借助碳汇价值的市场转化机制，通过开展热带雨林森林防护与碳汇开发等活动，形成投资回报。

3. 林业碳汇金融业务的合作新模式探索

东盟国家探索林业碳汇金融业务将为中国对东盟的绿色投融资合作带来新动力，当国际碳汇交易市场逐渐进入成熟阶段，东盟国家可借此开展林业开发的转型升级，部分林业公司意识到林业碳汇的生态价值后，将由木材出口换取收入逐渐转变为植树造林参与碳汇市场交易。当国际平均碳价水平不断提升后，林业碳汇业务的发展前景越来越具有吸引力，推动中国与东盟在绿色金融合作中逐渐建立起中国—东盟碳市场交易和碳汇金融合作机制，并发挥碳汇价值的抵押融资作用，推动东盟开展绿色融资体系的模式创新，将东盟潜在的生态价值优势转化为金融信贷优势。

（三）推动南海地区海洋生态系统国际合作治理

在构建 21 世纪海上丝绸之路的大框架下，2015 年中国—东盟海洋合作年启动，中国与东盟长期以战略互信为基础，开展海洋科研、海洋环保、海洋治理等工作，发展蓝色经济。而现阶段在全球气候变化问题愈发严峻并得到各国高度重视的背景下，中国与东盟的海洋生态环境合作将迎来新机遇。

1. 探索以"高效、安全、共享"为导向的海洋合作模式

海洋经济发展与国际合作密切关系到沿海国家的切身利益，中国与东盟需要建立起"高效、安全、共享"的东南亚区域性海洋经济合作关系。其中，"高效"不仅意味着提高海洋产业投资回报和控制成本，也需要加强相关产业的环境可持续性，运用绿色经济的价值理念推动海洋蓝色经济的发展，借鉴绿色金融的业务经验开展海

洋蓝色产业的投融资业务；"安全"则表明中国与东盟海上合作需要高度重视南海与西太平洋地区的海洋安全问题，包括政治安全、军事安全、生态安全、运输安全等多个方面，为海洋经济国际合作提供稳定的发展环境；"共享"体现在海洋科技成果、产业优惠政策、生态治理经营等多个方面的共享和交流，通过国际共享建立起互惠互利的区域性海洋合作关系。

2. 海洋生态治理与以可持续发展为目标的绿色金融合作密切相关

海洋生态治理是全球气候治理的重要组成部分，与东盟推动可持续发展、加强食品安全管理、应对全球气候变化、防范极端自然灾害等密切相关。东南亚地区持续受气候变化带来的影响巨大，具体反映在气候变暖加剧了北极冰川融化及全球海平面上升，也带来了台风和飓风等极端天气，这对东南亚各国沿海地区尤其是新加坡、吉隆坡等人口稠密的城市造成了潜在威胁。因此，推动海洋生态治理对于应对全球气候变化，以及东南亚地区的社会经济稳定发展和人民群众生命财产安全具有重要意义，而海洋生态治理高度依赖于临海国家的技术合作与资金投入，东盟有望通过与中国的区域性海洋治理合作获得所需的重要资源，中国则可从中提高在亚太地区的领导力，并建立起以应对全球气候变化为导向的东南亚海洋生态共同体。同时，全球气候变化下的气候灾害与极端天气频发，发挥绿色金融跨洋合作，有助于推动绿色海洋防灾基金、跨洋生态环境保险以及其他相关绿色金融工具的创新与应用，对于中国与东盟开展海洋生态风险防范，具有现实意义。

四、中国与东盟绿色金融合作的制约因素

东盟地区存在绿色基础设施落后、绿色投资进入壁垒、绿色产业质量差等问题，从中国对外开展合作的角度，中国与东盟的绿色金融合作也存在一系列需进一步改善的显著问题（涉及金融环境、金融主体、金融业务等领域）。

（一）东盟经济发展条件提高了绿色低碳升级转型的难度

东盟各成员国除新加坡以外均为发展中国家，而缅甸、柬埔寨、老挝更是联合国认定的最不发达国家。[①] 在全球"碳中和"与气候治理进程之中，发展中国家面临的碳减排压力远超发达国家，面对的经济发展和减排之间的矛盾更为突出，但大部分东盟国家依然重视低碳经济发展，展现了不输给大国的责任和担当。而从实际角度，东盟依然需要探索更有效的符合发展中国家要求的绿色发展和

---

① 王文、刘典：《柬埔寨："一带一路"国际合作的新样板——关于柬埔寨经济与未来发展的实地调研报告》，载《当代世界》，2018（1）。

低碳减排路径，这离不开中国与东盟之间全方位的产业金融合作。

1. 东盟地区发展中国家在低碳减排进程中存在特殊金融需求

除新加坡外，东盟其他成员国均属于发展中国家，经济增长与产业转移使东盟面临碳减排与绿色转型等多重压力（表11-1）。从区域经济增长的角度，东盟人口总数接近6.6亿，人民生活质量的提升、消费需求的升级和工业现代化的进步等，均会带来碳排放量的持续升高，而部分国家对化石燃料的依赖程度较高，具有较大的"转型惯性"。近年来，菲律宾、柬埔寨、印尼等国家因经济发展的需要，化石燃料二氧化碳排放增速普遍较高，越南2019年同比增速甚至高达18.6%，平衡经济增长、工业生产、消费升级等发展目标与应对气候变化目标之间的矛盾是东盟在"碳中和"时代不得不面对的发展中国家特色减排问题；而从全球产业链供应链的角度，目前低附加值的制造业有向东南亚地区转移的趋势，这无疑又进一步提升了东盟部分国家碳减排工作的难度和强度，甚至缺乏生产端和消费端的国际碳减排公平问题，并需要探索、借鉴和参考具备成本优势和成果效益的可行方案。若东盟要通过金融体系和工具努力实现不以过度牺牲经济增长为代价推动绿色产业发展和低碳减排进度，则有赖于从内外角度探索新的绿色金融升级创新与国际合作模式。

表 11-1　东盟成员国与中国化石燃料二氧化碳排放情况

	2019 年排放量（百万吨）	比 2018 年增长（%）	人均碳排放（吨）	碳排放强度（吨 / 万美元 GDP）
新加坡	53.365	1.32	9.094	0.96
菲律宾	150.640	4.15	1.393	1.56
柬埔寨	16.488	3.72	1.000	2.28
老挝	6.783	1.77	0.960	1.21
马来西亚	248.833	0.24	7.667	2.75
缅甸	48.311	3.08	0.889	1.74
泰国	275.065	−1.52	3.969	2.14
文莱	7.020	−5.03	15.980	2.61
印度尼西亚	625.663	8.02	2.321	1.96
越南	305.249	18.60	3.133	3.94
中国	11535.200	3.39	8.123	5.12
世界	38000.000	0.90	4.930	4.39

注：碳排放只计二氧化碳，不计少量甲烷和氟化物等其他五类温室气体。

2. 经济发展阶段特征下东盟成员国绿色转型新模式

目前，东盟大部分成员国的经济发展水平还无法达到具备全面开展绿色低碳转型的程度，发达国家的转型经验亦不可直接照搬复制，而"碳中和"概念作为新兴理念，亦在多个领域存在路径探索的新需求。以世界银行以及相关机构提供的数据为基础，对除新加坡以外的九个东盟成员国进行统计，经各国人口加权平均计算，东盟九个发展中国家在 2020 年的地区整体人均 GDP 为 4219.31 美元，最低的国家缅甸仅为 1300 美元左右；而经各国人口加权平均计算的 2015—2020 年的区域城镇化率则为 49.6%，其中最低的国家柬埔寨仅为 24.2% 左右（表 11-2）。

表 11-2　东盟各国人口与经济发展状况（2020 年）

国家	人口（亿人）	人均 GDP（美元）	城镇化率（%）
新加坡	0.0570	58484	100
菲律宾	1.0500	3373	47.4
柬埔寨	0.1576	1572	24.2
老挝	0.0676	2567	36.3
马来西亚	0.3162	10192	77.2
缅甸	0.5288	1333	31.1
泰国	0.6904	7295	51.4
文莱	0.0042	23117	78.3
印度尼西亚	2.6400	4038	56.6
越南	0.9270	3498	37.3

资料来源：根据世界银行及相关机构公开数据

　　对于东盟部分人均收入和城市化水平远低于世界水平，甚至在发展中国家也较为落后的成员国，要求其开展具备较高要求的碳减排工作存在其特殊的难度与复杂性，也因此需要特殊的资金和技术支持。因此，中国与东盟有望探索新的绿色金融国际合作模式，来支持不以牺牲东盟发展中成员国经济增长为代价的绿色转型和低碳减排的切实有效路径。其中，中国与东盟的绿色合作应坚持"共同但有区别的责任"原则，重视成员国的合理诉求，提供技术、资金、政策等方面的支持，尤其是推动发展中国家特色"转型经济"的绿色投融资活动，并满足亚太地区所存在的稳定区域绿色产业链供应链的内在需求。

（二）东盟绿色金融发展存在客观阻碍

东盟已充分认识到绿色产业的发展前景，但受限于技术、资金、人才、政策等条件，东盟目前在绿色金融支持绿色产业发展的质量和规模等方面依然较为滞后，仍存在较大的改善与提升空间。

1. 成员国绿色金融发展的不平衡性与滞后性

除新加坡外，东盟各成员国绿色融资发展滞后。近年来，东盟地区绿色债务融资增速较快，据《联合早报》及有关报告统计，2019 年东盟绿色债券和绿色贷款的发行量达到 81 亿美元，几乎是 2018 年（41 亿美元）的两倍。其中，新加坡发行量占比由 2018 年的 29% 提升至 2019 年的 55%，其依托较为成熟的金融市场体系，已成为东盟最主要的绿色金融发展领导者。由此可见，东盟内部绿色金融发展存在严重的不平衡性，除新加坡以外的成员国绿色融资业务存量和流量增长均缺乏内生动力和外在推进，难以满足日益紧迫的绿色发展需求，且绿色融资占社会总融资的比例较低，绿色产业尚未成为社会投融资的主流业务领域。

2. 绿色基础设施的不完备性提高投资壁垒

绿色基础设施不仅包括公园、绿道等人类居住环境内的绿化设施和生态网络、景观等生态保护基础设施[①]，更重要的是一系列涉及新能源、环境保护、生态防治所需的硬件和软件设施（如清洁发电装置、能源传输网络、清洁交通设施、污染处理设备、资源循环系统等），只有基础设施建设工作得到基本完善，相关绿色产业和项目才能顺利开展。当前，东盟在绿色基础设施建设上缺乏资金和技术援助，亚洲开发银行与东盟成员国积极推动相关绿色基建领域的投资（如2019年亚洲开发银行通过一项"绿色和气候友好型基础设施项目"，筹集了10亿美元的资金用于支持东盟各国的绿色和包容性基础设施建设），但这不足以弥补东盟绿色基础设施存在的资金缺口，且完善的绿色基础设施需要较高的前期投入，这在无形之中提高了外来绿色投资的进入壁垒，难以吸引外国资本流入东盟。在跨境绿色金融合作的过程中，如何提供初期建设投入和后期持续融资，面临更高的创新要求。

3. "碳中和"对绿色产业发展提出了新阶段的效率和质量要求

尽管东盟在"碳中和"时代具备极大的潜在需求，但东盟国家还未探索出成熟的绿色产业发展模式和完善的绿色金融体系，也缺乏顶层设计与指导、绿色技术、金融工具和高质量第三方服务等。

---

① 栾博、柴民伟、王鑫：《绿色基础设施研究进展》，载《生态学报》，2017（15）。

东盟部分国家绿色产业领域范围较窄，根据东盟地区的地方绿色债券标准（GBS）[①]，东盟目前的绿色融资项目覆盖面较窄，而金融体系和金融工具的发展与创新正处于起步阶段，但却亟须尽快切合"碳中和"下各类产业的减排与转型目标。同时，产业覆盖面的多元化也需要东盟提升绿色金融服务多样性，否则将无法实现东盟全产业经济的全面绿色转型升级，更不利于打造绿色产业链供应链及实现不同行业的横向绿色合作与同行业上下游的绿色纵向合作。具体来看，东盟的政府与社会资本合作（PPP）模式仅处在探索阶段，还无法在绿色产业中发挥政府的引领和带动作用；东盟也缺乏发展绿色金融所需的数字服务，例如，环境信息数据披露平台、相关信息技术行业的能耗与排放控制技术等，也缺乏成熟的风险预警与管理机制和后期损失弥补机制。

（三）中国内部缺乏对跨境绿色金融业务的
主观前瞻与客观条件

1. 地方政府与市场主体对绿色金融相关合作需加强深层了解

2015 年，中共中央、国务院印发《生态文明体制改革总体方

---

① 栾勤刚：《扩大东盟绿色债券框架》，载《世界日报》，2019 年 1 月 29 日。

案》，明确提出建立绿色金融体系的顶层设计。2020 年 9 月，在第七十五届联合国大会一般性辩论上，习近平主席提出，中国将提高国家自主贡献力度，采取更加有力的政策和措施，二氧化碳排放力争于 2030 年前达到峰值，努力争取 2060 年前实现碳中和。绿色金融在中国的发展历时仅有短短数年，尚处于起步阶段，而"碳中和"概念提出后，社会各界虽然产生了强烈反响，但就"碳中和"与绿色金融的前景、关联和深层次的重要性等方面，各界主体仍有待深化理解。

从政府主体角度，部分地区有待加强对绿色金融的全面认知。除了北京、上海等积极开展"碳达峰"与"碳中和"减排工作和相关绿色投融资工作的重点地区以外，其他大部分省份还未能适应刚刚兴起的"碳中和"新发展模式带来的转型要求。在部分与东盟邻接的重要省份，例如，广西、云南等地区的地方领导并不知道如何开展地方绿色金融工作以服务支持绿色产业的发展，也对绿色金融工具（例如，绿色贷款和绿色基金）对绿色农业和污染防治等领域的融资支持前景知晓较少，更尚未充分意识到与东盟之间开展绿色金融合作的重大历史性机遇，其原因可能源于尚未建立有效的激励机制以及中央目标与地方需求缺乏兼容性等。

从市场主体角度，在政府大力推动金融开放的背景下，金融机构与跨国企业还未能意识到向东盟地区开展绿色金融国际业务的前景。以广西为例，金融机构对于绿色金融业务的观念和认知较为落后，开展绿色投融资业务力度不足。当前，大量地方金融机构并没有意识到绿色金融是对金融行业和金融体系的一场全方位重塑和升级，也是满足国际绿色产业合作资金需求的坚实基础。金融机构如不把握绿色机遇，将错失东盟市场和大量预期收益。另一方面，相当一部分企业缺乏对金融工具和金融体系的深入了解，大都只关注政府补贴和银行信贷，而并没有关注到多层次资本市场和多元化融资渠道带来的更多选择，也没有对外开展跨境绿色投资的意愿，更缺少信息披露的主动性。若不改变传统的金融观念和思维方式，则现有诸多对东盟的金融开放和绿色创新等优势政策将无法得到有效落实。

2. 缺乏匹配国际绿色合作高要求的金融基础设施条件

面对日益增长的绿色低碳产业综合需求，我国应尽快建立统一和完善的绿色金融标准体系，包括政策体系、市场体系、评价体系、合作模式等，虽然我国绿色金融业务的整体规模与增速在国际范围内处于领先地位，但综合质量和效率仍存在较大的提升和改善空间，依然处于探索阶段。而在中国未来参与对外绿色金融合作的过程之中，绿色金融软硬件基础设施的建设需要以能开展高质量国际绿色投融资活动为重要目标和导向进行建设和完善，才能为企业和机构开展跨境绿色金融合作提供必要的基础条件。

在基础设施层面，缺乏数据公开、信息共享、交易安全的绿色金融国际投融资平台和系统，以及配套的业务规范、监管制度、征信体系，无形中提升了对东盟开展跨境绿色金融业务的综合成本。需要以能参与国际业务的要求和标准开展交易所、清算所、兑换所的绿色升级，建立起绿色跨境投资的企业库、项目库、案例库，不仅能通过标准化的投融资流程和成功的案例来为跨国企业和地方金融机构提供参考，节约企业的时间成本和信息成本，还能通过建立数据库来提高企业信息披露的规范性，并逐步培养披露的主动性和积极性，最终目标是提高投融资活动的效率和质量。而降低后期企业成本也意味着前期建立系统和平台需要较高的建设资金投入，提升了跨境金融市场业务的进入壁垒。

在基础服务层面，各类金融机构在开展满足企业对外绿色金融业务所需的各种非融资类服务的力度上有所不足。金融机构的职能并不只有提供企业所需的绿色信贷，除了商业银行提供绿色融资以外，非银行类金融机构也应积极投入对外绿色投资活动。我国目前针对国内外绿色金融业务缺乏基础配套服务，需要加强针对跨境绿色项目的信用评级业务、会计核算与审计业务、法律咨询业务，在2021年7月16日全国碳市场启动上线交易后，除交易所登记和结算业务外，第三方碳金融服务的探索也将为未来对外碳市场交易和投资提供良好的基础。

（四）西方国家可能遏制中国与东盟绿色金融合作

截至2021年年底，全球已有147个国家提出了在本世纪实现"碳中和"的重要目标[①]，有些国家甚至将其写入法律，很多国家的零碳承诺大多是在2020—2021年提出，标志着世界低碳经济之战全面开启，将影响全球绝大部分国家和地区，并涉及金融、贸易、政治等各个方面。因此，中国与东盟开展绿色金融国际合作可能将面临来自部分西方发达国家的阻挠与遏制。

1. 阻碍中国与东盟成员国建立绿色金融与低碳经济的盟友伙伴关系

"碳中和"与气候治理合作牵涉各国的长期可持续发展的核心利益，因而是一项重要的国际政治议题。[②] 为此，部分西方国家可能在与中国开展竞争与对抗的过程中，强迫东盟成员国在可持续发展和绿色产业贸易等方面"选边站"，意图遏制中国在亚洲的大国影响力，甚至结合南海地区局势开展多重博弈，最终损害的是东南亚地区发展中国家的共同利益。

[①] 王文、刘锦涛：《碳中和元年的中国政策与推进状况——全球碳中和背景下的中国发展（上）》，载《金融市场研究》，2021（5）。

[②] 王文、刘锦涛：《中美在气候治理与绿色金融中的博弈》，载《中国外汇》，2021（9）。

2. 遏制世界"碳中和"绿色发展进入"亚洲时代"

在"碳中和"时代，国际局势的改变将使得世界政治经济中心向绿色产业发达、减排成效显著、国际气候治理合作默契的区域集中。中国和东盟大力开展绿色产业与绿色金融合作，有助于推动世界低碳经济进入"亚洲时代"，削弱西方发达国家的政治领导力，从而西方国家有理由和有可能采取一系列措施阻碍"亚洲绿色崛起"，例如，利用《巴黎协定》等国际气候协议就碳减排进度向东南亚发展中国家施压[1]，甚至联合日本或韩国在亚洲范围内形成新的对抗势力。

3. 阻止国际绿色资金向中国与东南亚地区集中

当清洁能源和绿色产业逐渐占据世界经济发展和新冠肺炎疫情后经济复苏的主流之后，其长期可持续性意味着稳定的投资回报和可控的违约风险，国际资本会流向这些具备发展前景的绿色项目，也会流向跨境资金流动限制和门槛较低的地区。因此，在大力推动金融对外开放与绿色金融创新的过程中，中国与东盟将在全球范围内吸引更多的外来投资，可能会面对西方发达国家用多种金融手段（包括标准制定、投资限制、政策干预等）对东南亚地区所开展的一系列阻碍与牵制。

---

[1] 王文、刘锦涛：《中美在气候治理与绿色金融中的博弈》，载《中国外汇》，2021（9）。

五、中国与东盟绿色金融合作的推进路径

在"碳中和"的历史机遇下，面对东盟日益增长的绿色金融资金和服务需求，中国应积极开展对东盟的跨境绿色金融合作改革与创新，从政策层面、市场层面、机构层面、合作层面多向发力，加强沟通与交流，不断引领并带动区域绿色金融合作。

（一）政策层面：强化企业绿色金融政策宣讲，引入"碳中和"时代性

政策层面，在金融业发展、绿色金融创新、金融开放门户等重点政策的基础上，进一步加强面向企业的绿色金融政策宣讲，推动绿色金融改革创新示范区的发展模式升级。

第一，对内政策层面，首先，应针对各界缺乏绿色金融前景认识的问题，大力开展对地方金融机构管理层、跨国企业高管的绿色金融政策宣讲与可持续发展宣传普及工作，尤其是强调 2060 年"碳中和"目标对于中国社会主义现代化建设和对外开放所存在的重大历史意义以及企业从中可挖掘的潜在机遇；其次，建立政府引导与市场相结合的绿色金融投融资氛围，引导企业重视并借助政府投入所产生的"绿色杠杆效应"，进一步撬动更大领域和范围的产业投资、市场参与和项目合作；最后，绿色金融示范区还需不断开展改

革和升级以更好地服务于地方企业开展绿色项目业务，例如，建立国际性的绿色技术创新平台和专利库，面向特定的国家、项目、企业等对象开展针对性技术授权，以及加强绿色金融业务的"碳中和"属性，加强碳市场建设。

第二，对外政策层面，首先，需要完善跨境绿色金融的激励机制，针对企业对外开展绿色金融存在的投资门槛高、起步投资数额大、回款周期长等问题，与相关企业探讨研究有效的财务或税收激励措施；其次，逐步开放对外投资和外来投资，建立绿色资金往来的双向通道，提高资金跨境流动效率，或考虑建立国际性的绿色基金对中国和东盟同时开放投资；最后，应注重推动"一带一路"绿色投融资与东盟绿色金融合作相结合，二者最终都将有助于实现区域高质量发展。[1]

（二）市场层面：将广西建设为面向东盟的
区域跨境绿色金融中心

虽然广西与上海、香港、新加坡等金融中心存在一定的差距，但为满足区域性的绿色一体化进程，以及提高人民币国际化地位的

---

[1] 王文、杨凡欣：《"一带一路"与中国对外投资的绿色化进程》，载《中国人民大学学报》，2019（4）。

内在需求，应鼓励广西建设面向东盟的区域性跨境绿色金融中心，并加强与新加坡的绿色金融业务合作，成为中国与东盟绿色合作中开展市场对接的窗口和平台。具体而言，市场层面的建设目标有如下三个方面的考虑：

第一，应实现与碳交易和碳金融业务对接。在国际间碳市场交易逐步取得实质性进展后，东盟地区在探索林业碳汇前景的基础上，将产生国际碳交易的大量业务需求，广西应将区域性跨境碳排放权交易体系与平台纳入跨境金融中心的建设之中，实现广西与东盟在碳金融业务上的机构合作、资金流动和业务对接。

第二，应在绿色投融资活动中，将交易结算、信息披露等业务相结合，建立区域性绿色数据中心。东盟地区绿色产业缺乏信息披露的积极性和质量，若能将对东盟的绿色投资与环境信息披露、项目盈利评估等方面的数字信息服务相结合，并提高数字化和智能化水平，将大大降低成员国企业开展绿色业务的成本，并有助于建立东盟地区的数据共享平台，为后续绿色合作论坛和政策制定提供基础数据和参考依据。

第三，应引入大量开展第三方绿色金融业务的非金融机构入驻。针对跨境绿色金融缺乏基础服务的问题，应推动各类投行、事务所、资讯公司等积极提供企业对外绿色投融资的第三方资金结算、法律咨询、票据开立、信息披露、税务管理等金融服务。

（三）机构层面：广泛提高对外绿色金融服务水平和质量

金融机构是发展绿色金融最重要的中坚力量，金融机构的绿色金融服务水平直接关系到对东盟开展绿色金融合作的效率和质量。为此，在机构层面，金融机构尤其是对开展绿色金融业务具备主动性与积极性的商业银行，应积极开展如下三项工作：

第一，金融机构自身应着手开展"碳中和"，努力提高绿色发展的理念和认识。相比于工业部门和能源行业，金融机构有能力更早地实现自身的"碳中和"，不仅可以通过建立"碳中和"目标提高金融行业的绿色低碳发展意识，还可以为跨国企业和社会各界带来示范效应，并能在自身"碳中和"路径中探索与绿色发展相关的各类碳排放核算依据以及国际环境标准差异，为企业开展跨境绿色投资提供指导。

第二，金融机构应以提升与东盟之间的区域资金运转效率为目的，积极开展各类绿色金融创新。目前，中国绿色金融整体创新能力有待提升，特别是亟须开展满足"碳中和"时代世界低碳减排要求的金融创新。各金融机构在开展与东盟的绿色合作之中，需深入挖掘各项业务存在的细节需求，开展跨境绿色金融工具和服务创新，例如，绿色供应链金融创新、国际ESG投资创新、绿色贸易单据创新、绿色信用评估创新、项目环境评价创新等，提升企业与东盟地区的资金往来便利和投资运转效率，提高绿色金融服务覆盖率。同时，发展绿色股权融资和绿色跨国资产管理创新，拓宽对东盟的绿色直接投资渠道，弥补东盟绿色债务融资的规模劣势。

第三，考虑在金融机构开展绿色金融业务评价中，将相关绿色跨境业务的成效纳入业绩考核评价体系之中，可考虑将金融机构开展对东盟跨境绿色投融资业务的规模和成效纳入金融机构的绿色业绩评价之中，包括帮助企业开展对外绿色投资、企业绿色贸易相关的抵质押融资、跨国绿色信贷等规模和增速，建立相应的量化评价指标，包括与省内同业机构、国内同业机构、东盟成员国同业机构的横向对比评价，以及与自身历年发展情况的纵向对比评价。

（四）合作层面：探索区域性多层次绿色合作模式

根据过去中国上海、广东、江苏等部分省市与美国加州、华盛顿州等地的气候合作经验，地方政府层面的绿色产业和气候治理合作具备更高的自由度，相对而言受到国际层面的关系和局势的影响较小。因此，广西、云南等具备区位优势的地区，在推动与东盟成员国之间的区域绿色金融合作方面具备探索性和创新性，有望不断拓展跨境气候投融资合作的形式和范围，并以21世纪"碳中和"净零排放为目标不断开展更多更高质量的环境论坛。

第一，参考此前五省八地绿色金融改革创新试验区的相关经验，在国家分类标准的基础上纳入地区特色，推动绿色产业细化分类、项目环境污染排放地方标准的探索。在绿色产业分类标准方面，以中国标准为主要依据，推动金融行业与东盟开展绿色金融产业项目分类标准的互认，帮助东盟拓展其薄弱、单一的绿色产业体系，从而降低绿色资金的国际流动壁垒，令企业开展对外绿色投融资时充分明确哪些产业具备绿色可持续前景，无须重新探索投资方案与经验。同时，在环境质量标准方面，绿色项目或转型项目的环境影响标准、环保技术标准、温室气体排放量标准等均是密切关系到企业绿色投融资成本和盈利的重要指标，应进一步合作探索集绿色融资评估、绿色项目评价、环境信息披露等于一体的区域性统一环境标准体系，并在大框架的基础上注重添加一些成员国的地方特色。

第二，中国与东盟的金融机构应主动加强绿色金融风险管理合作，包括气候灾害的金融影响预警与事故应急处理、灾后损失核算等，开展绿色金融衍生品和绿色保险等绿色金融工具创新、建立跨国性气候防灾基金、加强金融风险管理技术交流等，以共同应对气候变化带来的国际性金融风险，加强极端天气和事故下的金融体系应急处理能力，推动企业对外绿色投资和跨国绿色贸易稳定健康发展。

第三，加强企业之间、金融机构之间的绿色金融信息共享合作，具体包括绿色债券、绿色基金、绿色指数的发行和交易信息，各地区、各成员国发布的绿色产业政策和清洁发展政策信息，主要城市、重点企业在各时间阶段的温室气体排放信息，跨国企业开展投资因环境影响造成的处罚信息，开展碳排放权交易市场的地区所公布的碳价和碳交易量信息等，建立对中国与东盟共享公开的绿色金融综合数据库。

12 Chapter 12

COP26 谈判与中国未来的气候治理展望

2021 年 11 月 1 日至 11 月 12 日，《联合国气候变化框架公约》第 26 次缔约方大会（COP26）在英国苏格兰格拉斯哥举行，本次大会在落实《巴黎协定》与应对全球气候变化的国际治理谈判中取得了重要的阶段性进展，令气候治理共识进一步得以深化，令碳中和与《巴黎协定》气温目标进一步得到认可。COP26 所取得的多项气候成果在未来全球气候治理进程中均将发挥重要作用，对未来各国低碳减排路径、国际气候治理合作、绿色金融市场投资、全球绿色经贸往来等领域的发展前景和演进方向也具有一定的启示意义。

本次会议的时点具备历史性，一是 COP26 大会本应于 2020 年举行，但却因全球新冠肺炎疫情而推迟，从而本次大会将深入涉及后疫情时代全球经济复苏、绿色复苏、气候治理的综合进程，疫情凸显了可持续发展的重要性，各国逐渐意识到应当以绿色发展为框架开展经济转型，并与应对全球环境气候变化相结合；二是2021年作为全球"碳中和元年"，越来越多的国家在联合国的敦促和呼吁下集中设立或重申到本世纪中叶实现碳中和（温室气体净零排放）的重要承诺，在此背景下，自COP26大会起，碳中和主题将始终贯穿于未来历届气候大会谈判与博弈之中，21世纪全球气候治理的转折将始于"碳中和元年"；三是包含跨国碳市场交易规则在内的《巴黎协定》实施细则历史遗留问题亟待谈判得出最终结果，以应对日益严峻的国际碳减排形势，COP26需要尽快达成进一步共识以推动联合国2030年可持续发展议程的顺利开展。

对于中国而言，中国在应对全球气候变化上正迅速提升国际影响力，逐步实现了从参与到深入参与并广泛合作，再到引领全球气候环境治理的过程，展现了全球第一大碳排放大国，同时也是第一大碳减排大国的责任担当，开启了世界历史上规模最大、效率最高、影响最广的一次绿色低碳减排运动。同时，就COP26而言，中国和发展中国家在全球气候治理谈判的舞台上正开始发出越来越多的声音，受到了世界各国尤其是发达国家的关注和重视。对此，中国必须在气候谈判上提高大国话语权和竞争力，在全球碳中和进程的背景下争取发展中国家在工业化进程中应有的合理权益。

一、COP 大会与全球气候治理的历史背景

COP 大会可以称为应对全球气候变化领域的最高规则会议，每年几乎全球所有国家和地区都会在 COP 大会上展开国际气候谈判并争取权益。

1992 年 6 月，《联合国气候变化框架公约》开放签署，1994 年 3 月，该公约正式生效，随后自 1995 年至今，缔约方会议（COP）已累计举办到了第 26 次，其间通过一系列持续的国际谈判和博弈形成了大量气候治理的国际成果，为各个缔约国，尤其是为发达国家制定约束性的法律义务，以控制温室气体排放、减缓气候变化，使当前的全球生态系统和社会系统能够自然地适应气候变化，确保粮食生产免受威胁以及令世界经济发展能够可持续地进行，并在发达国家与发展中国家之间的责任分配、发达国家对欠发达地区的国际支援等方面展开协商。

全球气候变化问题与国际气候治理议题先是经历了近 30 年的曲折发展后达成了共识，又经过了 20 年的谈判才逐渐以本世纪气温升高幅度可控为目标建立起覆盖全球各国的气候治理国际体系。其间，COP 会议作为气候谈判的一项重要载体贯穿其中。

具体而言，纵观近半个世纪以来的气候治理史，应对全球气候变化的核心逐渐从单一的降低温室气体排放转变为控制世纪气温变化幅度、多角度多举措应对气候问题、推进全球绿色转型与可持续

发展进程等目标相结合的综合治理体系。

1972年6月，第一届联合国人类环境会议在瑞典斯德哥尔摩举行，各国政府首次共同讨论环境问题，并提议重视工业温室气体过度排放造成的环境问题。

1988年，政府间气候变化专门委员会（IPCC）由世界气象组织和联合国环境署合作成立，于1990年首次发布《气候变迁评估报告》并指出工业化时期二氧化碳和温室气体排放带来的气候变暖问题。

1992年6月，联合国环境与发展会议在巴西里约热内卢召开，《联合国气候变化框架公约》达成，要求各成员国以"共同但有区别的责任"为原则自主开展温室气体排放控制。

1997年，IPCC协助各国在日本京都草拟了《京都议定书》，目标在2010年全球温室气体排放量比1990年减少5.2%。但是随后二十年间，《京都议定书》并没有达到理想的效果，"共同但有区别的责任"原则也没有发挥出强烈的约束作用。虽然欧盟成员国普遍在1990年左右达到温室气体排放峰值，但到2010年全球总排放量不仅没有减少，反而比1990年增长了近46%，美国同样也没有实现气候承诺。

2015年12月，法国巴黎，联合国195个成员国在2015年联合国气候峰会上通过了《巴黎协定》，以取代《京都议定书》，敦促各成员国努力将全球平均气温上升控制在较工业化前不超过2摄氏度、争取在1.5摄氏度之内，并在2050—2100年实现全球碳中和目标。

当前,《巴黎协定》是全球气候治理体系的核心与基础,现共有178个缔约方,但其在五年间的执行力度并没有达到联合国的预期,部分国家没有切实践行减排承诺,或所制定的减排方案无法满足既定的气温控制目标,未能朝正确方向前进。为此,在2020年12月《巴黎协定》签署五周年之际,联合国与英法等国共同召开了2020气候雄心峰会,联合国秘书长古特雷斯呼吁全球各国领导人"宣布进入气候紧急状态,直到本国实现碳中和为止,并采取更激进的减排措施把可持续发展目标写入具体政策且加以落实"。碳中和呼吁得到全球上百个国家的响应,其影响范围进一步扩大。

因此,自2021年COP26大会起,21世纪气温上升控制与实现碳中和两项世纪性、历史性的重要目标将成为后续国际气候谈判与合作的最核心议题,伴随着21世纪全球能源、经济、贸易、金融转型。随着气候变化问题日益严峻,气候治理上的国际权益将越来越关系到各个经济体的发展前景和国家实力,国际关系正在随着气候治理进程不断升级和重塑,自"碳中和元年"到2030年联合国可持续发展议程,21世纪第三个十年将是"气候剧变"的十年,在应对气候变化的国际进程中掀起新一轮的世界政治经济大变局。

二、COP26进展与成果:全球碳市场的历史性突破

在COP26开始之前,社会各界对于大会期待不一,部分业内人

士对大会抱有较高预期，认为将会创造气候历史，但更多人对大会预期较低，认为在应对气候变化上并不会有更实质的、更有效的进展。

事实上，COP26纵然没有令所有人满意，但在一定程度上却取得了阶段性的成果，例如，最大的两个碳排放国——中国和美国，联合发布了气候声明，为各国树立了气候治理与合作的重要参考；大会在减少煤电使用、控制甲烷排放、建立气候基金等方面达成了一系列国际共识；更值得关注的是，COP26关于《巴黎协定》中碳排放额度的国际转让问题谈判达成了协议，在建立全球碳市场的进程中迈出了历史性的一步。

首先，应对气候变化的国际共识得到了全球各国的高度肯定与重视，中国再次向世界进一步展现了气候责任的大国担当。

2021年11月13日，COP26会议通过了《格拉斯哥气候公约》，该公约要求各国维持《巴黎协定》所提出的把全球气温升高幅度控制在1.5摄氏度以内的目标，以及逐步减少煤炭使用。

而在大会召开期间，联合国发布了《2021年全球气候状况》临时报告，以向世界展现气候问题的严峻性，以及开展气候行动的迫切性。联合国指出，全球在过去7年间已经创下了有史以来最热的温度纪录（即2015年至2021年是有气温记录以来最热的7年），大气温室气体浓度、累积热量数据均创新高，气候暖化严重影响到了冰川融化（北极冰川融化造成全球海平面持续升高，严重威胁到岛屿国家和沿海城市；高山雪线不断升高致使部分河流断流，进一步带来干旱）、海洋变暖（地球系统中大约 90% 的累积热量储存在海洋中，气候变化对于海洋生态系统和海洋生物将造成不可忽略的负面影响）、极端天气（2021 年，全球各地以高于过往的频率发生了洪水、飓风等大量极端灾害）问题。

在严峻的气候环境变化下，联合国在 2021 年陆续开展了大量气候问题所引发的社会经济问题研究，例如，气候变化对粮食安全、农业生产活动造成的影响。气候问题引发了人口迁移以及流离失所，尤其是海平面上升对沿海地区居民的影响和极端炎热对非洲地区居民的影响；同时，生态系统也遭到了不同程度的破坏，这些问题需要各国积极面对并采取有效措施予以应对，且光靠资金捐款和投入并不能长久地解决问题，必须不断探索切实有效可行的针对性方案。

对此，中国在缔约方大会上表明了面对全球行动紧迫性的责任承担，习近平主席的书面致辞建议表明了中国的三大原则：一是维护多边共识，国家之间尤其是发达国家和发展中国家之间，必须在已有气候危机共识基础上增强战略互信，不将气候问题当作政治斗争；二是必须开展务实的行动，尤其是西方发达国家对于气候治理和气候援助的承诺应当说到做到，否则便没有指导其他国家气候行动的公信力；三是将绿色转型作为核心目标，充分结合技术创新、能源转型、产业升级等，探索碳中和时代的发展路径。

其次，中美作为全球最大的两个经济体，同时也是最大的两个碳排放国，在气候领域的国际合作为世界各国提供了基础参照。

COP 大会期间，中美两国发布了《中美关于在 21 世纪 20 年代强化气候行动的格拉斯哥联合宣言》，亦成为 COP26 的一项重要气候成果。此前在 2021 年 4 月 17 日，美国气候特使克里访华后，中美发表了一份《中美应对气候危机联合声明》，在该声明中，两国都计划在格拉斯哥 COP26 大会之前制定各自碳中和长期战略。为此，中国在 2021 年 10 月出台了《中共中央、国务院关于完整准确全面贯彻新发展理念做好碳达峰碳中和工作的意见》，且国务院同时印发了《2030 年前碳达峰行动方案》；美国白宫则在 11 月 1 日公布了到 2050 年实现净零温室气体排放的战略（计划到 2030 年将温室气体排放量相对于 2005 年的水平减少 50%—52%，比奥巴马政府时期的目标提高了近一倍）。

在 COP26 期间的联合宣言中，中美双方继续肯定了联合国《巴黎协定》温控目标以及所需努力的重要性，并在此框架和共识下开展气候治理的国际合作，具体来看：

第一，在合作内容方面，中美计划将开展标准合作，包括 21 世纪 20 年代减少温室气体排放相关法规框架与环境标准，在标准合作上的话语权将引起中国的重视和争取；同时，将开展产业与技术合作，包括部署和应用技术，如碳捕集、利用、封存和直接空气捕集，这些都将成为气候治理中后期（从碳达峰到碳中和时期）必须部署和主导的关键技术，直接关系到绿色技术的国际实力竞争，以及碳中和目标是否能够顺利实现。

第二，美国在联合宣言中提出了一些自身正在进行并继而要求中国也着手开展的工作，例如，将甲烷排放检测与减排纳入温室气体减排工作之中并要求中国制定相关战略；同时，美国制定了到2035年100%实现零碳污染电力的目标，实现电力行业的完全脱碳，而中国目前计划"十五五"时期逐步减少煤炭消费，出于客观条件和能源安全等方面的考虑还无法立即摆脱和弃用煤电。

第三，关于发达国家支持发展中国家减排问题，中美提出了一些重要共识，例如，双方重申了共同但有区别的责任和各自能力原则，应在气候问题上充分考虑不同国情，肯定了发达国家持续到2025年每年集体动员1000亿美元的目标并以此来回应发展中国家的客观需求，同时中美将推动相关发达国家资金的落实。但是该共识的前景有待进一步观察，美国对于发展中国家的资金支持未必到位，且不可避免地会卡在国会那一关，并可能在资金不到位的前提下胁迫他国按自身意愿开展气候行动。

最后，跨国碳交易和全球碳市场建设进程在COP26大会上取得了关键性的突破进展。

此前，《巴黎协定》第六条关于国际间碳市场与减排成果国际转让问题的谈判迟迟没有达成共识，但在COP26大会上，该议题终于得到了阶段性的进展，是COP26最值得关注的一项重要历史成果。

全球碳市场谈判是一个全球气候治理领域多年来的历史遗留问题，《巴黎协定》第六条允许碳减排成果的国际间转让，比如，A国在 B 国投资清洁能源，不仅能让 B 国实现能源转型和基础设施绿色升级，也能将为 B 国实现的减排成果计入 A 国，在国际气候治理大框架下对 A 国和 B 国双方而言在理论上是互利共赢的市场体系。从实际操作角度，碳减排成果的国际转让以各国自主承诺目标为基础，让减排成本较高、实现目标较难的国家向其他已经超过减排承诺量的国家购买碳信用额度，购买方减少一个排放单位（一吨二氧化碳当量），出售方则增加一个。

国际间碳交易有利于那些大力开展清洁能源出口投资的国家，比如，中国在 2021 年 9 月宣布停止海外煤电项目，进一步提高对"一带一路"沿线国家的绿色投资；国际间碳交易也有利于具备发展清洁能源自然条件但缺乏技术和投资的国家，比如，巴西碳交易的顺利开展能为有清洁能源发展需求的国家带来对外国投资的吸引力，并加快发展中国家的碳减排进程。

COP26 为全球碳市场的建立迈出了关键一步，而其中还存在三个需要在后续气候谈判中解决和改善的问题：一是如何避免碳减排量在两国之间的重复计算，需要对国际间碳排放的核算制度和交易制度进行统一和完善；二是确保减排力度净增长，而不是拆东墙补西墙，使国际间碳市场沦为亡羊补牢的政治博弈场；三是交易机制的问题，怎样设计碳排放转让制度，尤其是参与国家较多的时候，买卖公开下要避免大宗跨国碳信用交易对于国际碳价的冲击。

三、从气候大会看国际减排格局变化趋势

历届 COP 气候大会，各国齐聚一堂，共论应对全球气候变化与推动世界可持续发展进程的责任划分、规则制定、路径选择等问题，历年大会的重要进展均是各方博弈的共同结果，并不断影响全球低碳减排格局的演进方向。

首先，在气候治理与低碳减排的国际格局下，《巴黎协定》在深化共识的基础上不断细化具体规则。

历次《联合国气候变化框架公约》缔约方大会均更进一步肯定应对全球气候变化的国际共识，这一共识的深化维护了国际社会的多边信任机制。虽然 COP26 大会召开前部分业内人士预计本次大会谈判取得颠覆性成就和转折的可能性较小，且根据当前现状而言，实现《巴黎协定》1.5 摄氏度目标的难度过大，尽力维持原有的 2 摄氏度目标也仍需要极大的努力，但是，即便在控温幅度的实际目标上有所争议，但各国在应对全球升温和极端天气的态度上从未像如今这样高度一致。

近年来，《巴黎协定》已成为世界共识，从今往后的气候大会谈判并不集中在是否要肯定《巴黎协定》，而是如何落实：

一是采取哪些路径举措来全面有效实施《巴黎协定》，当前各国仅处在碳中和目标的提出阶段，还没有大国探索出有效的和具备借鉴参考价值的具体实施路径，也缺乏受各国信赖和认可的国际合作

机制。

二是在气候目标的自主贡献上，各国对于承诺目标的落实与执行程度是否能建立起有效的激励约束惩罚机制，过往的历史经验表明，以美国为首的部分国家多次未能兑现减排量承诺，也没有承担相应的责任与后果。

三是在气候目标的国际责任划分问题上，发达国家能否兑现为发展中国家提供资金、技术、能力建设等方面的支持承诺，否则无法在气候问题上建立起大国威信。

其次，中东摆脱石油依赖开展能源转型，非洲欠发达地区争取气候治理体系下的合理权益，将会逐渐成为未来国际气候谈判中两项重要内容。

在格拉斯哥 COP26 大会的尾声，埃及和阿联酋两国分别确定举办 2022 年的 COP27 及 2023 年的 COP28 两次大会，体现了在应对气候变化和低碳转型下非洲和中东地区的发展趋势。

对于非洲来说，埃及确定承办 COP27 时表示其将是一次真正的非洲会议，希望在气候等优先领域取得融资进展，以跟上世界在减缓碳排放和碳中和方面的步伐。在气候危机下，非洲高温干旱地区受到的影响远远高于城市化和工业化进程较为领先的国家，且非洲一些不发达国家应对气候危机的能力较弱，也缺少开展低碳转型和绿色升级的基础。本次 COP26 大会亦多次强调了发达国家的义务和对于发展中国家和欠发达地区的援助，尤其是 1000 亿美元承诺如何兑现，以及采取何种资金援助的方式与计划来推动非洲地区开展气候适应工作。

对于中东来说，阿联酋、沙特等靠石油资源起家和储量较高的国家目前正积极寻求绿色转型，沙特在 2021 年 10 月宣布到 2060 年实现碳中和，原本对于气候变化与碳排放问题并不积极的沙特，在近两年态度发生了转变，而阿联酋近两年来也积极开展绿色交通、蓝绿氨能源转型以及召开绿色经济峰会。承办 COP28 体现了中东地区在国际政治经济形势向清洁低碳转型的大环境下，一是需要减少对于石油的依赖，二是通过开展基础设施建设、发展氢能等清洁能源、建立绿色城市等进行产业转型。

最后，全球碳市场取得历史性实质进展后，国际间碳交易将为各国带来前所未有的巨大机遇。

COP26 大会关于《巴黎协定》第六条国际碳市场实现了重要的谈判成果，具体而言：

第一，是否开展国际间碳信用的转让。长期以来谈判未能获得进展的原因之一是碳信用额度的重复计算问题，这在不同国家之间有利益分歧和谈判博弈，例如，巴西等国家希望通过热带雨林或清洁能源获得的碳减排信用在出售后能够重复计算，但一些购买为主的国家认为此举将产生不公平并影响全球减排整体进程。但巴西在本次大会上表示愿意在计算问题上妥协后，国际碳市场谈判有了阶段性的进展，使之可以为各国提供实现环境完整性所需的工具，有助于私人资本流向发展中国家的绿色投资市场。为避免重复计算，国际碳市场建立了监督机制，只有在得到联合国授权的情况下，一个国家才能将自愿减排用于其国家自主贡献，且自愿减排所在国必须对任何销往国外的减排单位申请进行相应调整。

第二，COP26大会谈判通过了新的市场规则，允许《京都议定书》时期建立的清洁发展机制CDM碳信用进入新的市场，高达40亿吨，但是为了防止国际碳价波动、维持碳市场效用、完善碳定价机制，建立了额外的限制，首先是规定2013年之后登记的CDM信用额才可用于《巴黎协定》体系下的国家目标，并且CDM剩余的信用额结转被限制在1.2亿吨左右。

第三，大会关于国际碳市场的谈判对于跨国企业而言存在一定的机遇，首先，利于投资森林开发保护和可再生能源基础设施的国际项目，潜在的市场规模极大；其次，可以充分利用好国际碳市场这个交易机制，国家对外进口碳信用，企业可以再向国家购买碳补偿用于自身减排；最后，跨国性的第三方机构认证业务具备发展前景，设立协调碳市场的通用标准存在需求。

中国可重点关注减排成果国际转让的谈判，例如，特定项目的减排量额度转让，中国已宣布不再开展境外煤电项目，那么在"一带一路"沿线国家投资清洁能源发电，既能帮助该国能源转型，也能将所得的减排量计入中国，其意义在于：一是提高了中国在绿色发展上的国际影响力；二是有利于"一带一路"投资绿色化，清洁能源投资项目有助于建立低碳发展合作伙伴关系，提高发展中国家的气候话语权；三是提供了主动建立国际减排成果转让核算标准的机遇。

四、中国参与全球气候治理的未来方向

综合来看，为期两周的《联合国气候变化框架公约》第26次缔约方大会（COP26）结束后，其谈判达成了一些基本共识，虽然没有取得各方预期最好的结果，但取得了平衡各方利益的阶段性成果和进展，并且COP26为未来碳中和时代气候行动的进程和方向奠定了一定的基础，也为中国参与气候治理指出了一些具体方向。

首先，中国应与各国一起，维护《巴黎协定》重要共识和气候成果，并实现中国承诺。

COP26大会，各国进一步肯定了必须加快气候行动，以实现将全球气温上升限制在1.5摄氏度的目标，客观情况显示2摄氏度的目标仍然是不够的，尤其是对于岛屿国家产生的影响不可忽视，本次大会通过的《格拉斯哥气候公约》显示各国将在转年COP27大会上报告他们在实现更大气候目标方面的进展。

中国应维护本次大会的主要成果和共识，包括结束化石燃料补贴、逐步淘汰煤炭、为碳定价、保护弱势社区、推动发达国家兑现1000亿美元的气候融资承诺等。其中，逐步减少煤炭使用的目标对中国的压力较大，尤其是目前40多个国家，包括波兰、越南和智利

等主要煤炭使用者已同意放弃煤炭，虽然中国短期内仍不能完全摆脱对煤电的依赖和支持，但中国在煤电投资和清洁能源发电等领域正在逐渐展现出落实能源转型的决心。

中国应敦促发达国家履行相应的气候援助义务，各方一致认为需要继续增加对发展中国家的支持，反复重申了履行发达国家每年向发展中国家动员1000亿美元承诺的义务，这是发展中国家的核心关切问题，并且发达国家的承诺一定程度上难以得到保证，监督和惩罚力度有所缺乏。

中国应带动发展中国家共同发声，令世界各国重视发展中国家适应气候变化和应对气候损失的需求，适应气候变化是最为直接和迫切的需求，发展中国家由于生态环境、产业结构和社会经济发展水平等方面原因，适应气候变化的能力较弱，相比于发达国家更易受到气候变化的不利影响。但发达国家并不重视制定全球适应目标对于发展中国家的意义和价值，而是更倾向于依赖资金承诺的空头支票来按照自身意愿为发展中国家制定路径。

2021年1月，习近平主席在G20峰会上的重要讲话中提出了五点建议，其中最后一点强调了"和谐共生，绿色永续"，并且将疫情复苏、绿色转型和普惠发展等同时纳入国际性问题进行讨论，中国在气候承诺上的努力是有目共睹的。

疫情后的经济复苏压力使得落实2030年可持续发展议程面临着前所未有的挑战，疫情给全球特别是发展中国家带来多重危机，例如，饥饿人口总数已达 8 亿左右，并且气候问题引发的危机也会加剧贫困问题，尤其受海平面上升和极端天气影响的东南亚国家与撒哈拉沙漠以南的非洲国家，联合国预计，如果气候问题得不到有效应对，可能在未来十年落实可持续发展议程的过程中额外引起 1.2 亿人陷入贫困问题。支持非洲和最不发达国家实现工业化倡议、绿色发展起步、应对气候变化带来的损失是 G20 大国需要面对的责任，尤其是发达国家更要履行官方发展援助的承诺，为发展中国家提供更多资源，不能以气候议题作为国际政治打压的手段，应提升全球发展的公平性、有效性、包容性。

其次，中国应重视气候变化与碳中和的大国话语权，坚定减排立场，按自身节奏和计划开展绿色转型，对外讲好中国碳中和故事。

2021 年 10 月 28 日，中国向《联合国气候变化框架公约》秘书处正式提交了《中国落实国家自主贡献成效和新目标新举措》和《中国本世纪中叶长期温室气体低排放发展战略》两份文件，中国在双碳目标一周年之际集中出台了大量顶层政策文件，并且在 COP26 召开阶段，中国向世界表明了自身的减排立场，正确阐述了中国低碳减排的长期计划和战略。

《中国落实国家自主贡献成效和新目标新举措》总结了中国 2015年以来的气候治理贡献，也向国际社会阐述了中国对全球气候治理的基本立场和国际合作考虑。自主贡献文件重申了中国"30·60"双碳目标，以及 2020 年在气候雄心峰会上提出的碳强度、清洁能源、森林蓄积量等阶段性目标，体现了中国落实应对气候变化自主贡献的决心，并且表明中国应当探索和走自己的绿色发展道路，不为发达国家所胁迫，尤其是要争取发展中国家对于应对气候变化行动的话语权和解释权。中国提交的发展战略文件则是按照中国气候治理的理念和主张，提出了中国长期碳减排与经济发展的基本方针。

中国在未来的气候治理中，要重点处理好经济发展与低碳减排、全国与地区、双碳短期与中长期目标之间的复杂关系，以不损害经济发展开展污染治理、不损害地方经济开展全国减排、不损害长期碳中和进程追逐短期达峰目标三项基本原则为基础，尽快形成资源保护型和环境适应型的经济社会发展模式，对外坚持合作共赢、尊重事实、说到做到的气候治理原则和主张，运用双循环发展战略和新发展理念开展绿色发展和气候转型。

最后，在实现碳达峰、碳中和的过程之中，中国在有序开展减煤降碳的同时应注重能源安全问题。

COP26 大会的焦点之一是全球煤电问题，虽然中国郑重承诺了"30·60"双碳目标，并且积极推进经济绿色转型，自主提高应对气候变化行动力度，现已实现在过去 10 年淘汰 1.2 亿千瓦煤电落后装机，不再新建境外煤电投资项目，积极发展可再生能源，但是在电力需求日益增长的环境下，中国同时保持了可再生能源发展的全球领先和能源的煤炭依赖度高居前列，中国应重视在能源需求下对于煤炭依赖性的扭转问题。

2021年11月，央行正式推出碳减排支持工具（先贷后借的60%专项再贷款），此后，央行又考虑再设立2000亿元支持煤炭清洁高效利用专项再贷款，用以支持煤炭绿色智能开采、清洁高效加工和开发利用等。中国每年的煤炭消耗量超过40亿吨，占全球比例超过50%，在COP26大会中，煤电问题是全球气候治理所聚焦的重点问题，目前已有40多个国家，包括波兰、越南和智利等主要煤炭使用国同意放弃煤炭；190多个国家和组织组成联盟，同意逐步淘汰燃煤发电并终止对新燃煤电厂的支持；美国在《中美应对气候危机联合声明》中提出到2035年100%实现零碳污染电力的目标，而中国目前只是计划"十五五"时期逐步减少煤炭消费。中国目前无法立即摆脱和弃用煤电，在国际脱煤运动中承受了较大国际压力，并将成为后续气候大会上的持续问题焦点。

中国煤炭自给率高，能源发展的主动权掌握在自身手里，但煤炭问题也会引发能源问题。在能源转型的长期趋势下，"十三五"期间煤炭消费增速缓慢，供给增长不足，供需关系发生失衡，煤炭库存减少，燃煤现货价格异常，电价固定下发电成本增高，煤电厂面临压力。双碳目标下的能源政策、货币政策等应保障能源安全前提，短期内以支持煤炭清洁高效利用为主，对煤电、煤炭企业和项目等予以合理的信贷支持，不盲目抽贷断贷，根据燃煤市场波动及时采取应对措施，适当允许发电企业合理制定或上浮电价。

第四篇

未来发展

本篇导语

碳中和是一个横跨半个世纪的目标，碳中和下的政策转型、金融升级，以及低碳减排、环境治理，为中国从现在到 21 世纪中叶的发展之路奠定了基调。

碳中和并不是终点，在实现碳中和的过程中所形成的一条高质量经济社会发展模式和路径，才是在更长远的时间尺度下支持文明永续发展的坚实力量。

本篇立足碳中和对中国未来的深远价值和意义，以此为基础探讨了当前全球新冠肺炎疫情下中国如何先走出疫情实现绿色复苏，并建立科学的减排路径顺利走入行业统筹和区域协调的绿色经济发展之中。

13 Chapter 13

碳中和对中国的价值、意义与机遇

　　碳中和对中国的未来具有极其重要的价值和意义，不仅是一次全面的经济转型，更是一次观念、思想与生活方式的革命。宏观上，碳中和将使中国以绿色为核心导向，重构社会经济复合系统，提升综合发展实力，完善现代金融体系；微观上，碳市场为企业低碳转型带来金融机遇，低碳经济将为人民提供更多就业机会，气候环境因素将成为企业风险管理的重要对象。

　　综合碳中和目标提出以来的形势变化，中国走好碳中和之路，应当把碳达峰、碳中和视野拓宽到国际角度，不断探索可持续的、符合碳中和长远目标的绿色金融体系与服务模式，并重视数字经济时代的信息科技领域潜在减排工作。同时，还应把绿色低碳发展与国民经济增长置于同等重要的地位。

一、中国视角下碳中和的长远价值

（一）碳中和对中国的宏观改革价值：
第四次产业升级革命

随着碳中和理念的国际深化，碳中和不再局限于降低温室气体排放，而是升级为经济发展问题与国际政治议题。纵观近代至今的三次产业革命（第一次工业革命、第二次工业革命、第三次科技革命），其均存在改变生产方式、提高生产效率的共性，并且每一次工业革命中具备领先优势的国家均通过产业革命走入世界前列。而碳中和有望成为第四次产业革命，并成为人类发展史上的重要转折点。

因此，对中国而言，碳中和不仅是一次全面经济转型，更是中华复兴的一次观念、思想与生活方式的革命。在欧盟气候治理显现疲态[①]、美国重回《巴黎协定》后需花费较长时间弥补先前劣势的背景下，若中国把握住第四次碳中和绿色革命，将使中国这个后发、

---

① 寇静娜、张锐：《疫情后谁将继续领导全球气候治理——欧盟的衰退与反击》，载《中国地质大学学报（社会科学版）》，2021（1）。

新兴的发展中国家获得与发达国家同台竞争的优势，并在中国的建设社会主义现代化强国进程中将现代化的定义进行更新升级，从生态文明和发展质量的角度使社会主义的建设目标得到扩充。

第一，从社会层面，碳中和将使中国以绿色为核心导向，重构社会经济复合系统。

根据碳中和目标提出以来中央发布的关于绿色低碳循环发展经济体系的重要意见，碳中和已正式成为顶层设计，将自上而下升级并重塑社会经济发展脉络，从发展政策、软硬件设施建设、行业标准制定、生产技术研发、生产设备升级、生产调控规范、效益考核评价方式、社会主体责任义务等方面全面实施绿色转型，整体提高经济运行效率，并令绿色产业投融资迎来前所未有的新机遇。

中国未来将以绿色为核心方向，推动各产业间的协同发展与协同减排效应，在企业中将提升清洁能源消费与应用低碳技术充分有机结合。因此，在中国碳中和目标的实施过程中，社会经济系统将逐渐得到重构，在第四次产业绿色革命中以提升生产效率和发展质量作为根本特征。

第二，从发展层面，国家与地方都将借助碳中和机遇提升综合发展实力。

碳中和的历史性机遇难得，中国正全力争取参与 21 世纪碳中和国际竞争的资格，以提高减排技术实力与制定国际绿色标准的能力为主，降低碳排放强度并提高 GDP 绿色发展效率，取得国际绿色低碳之战的入场券。

在根据国际碳中和复杂形势与各国政策以挖掘值得借鉴的优势经验的基础之上，中国正为各省市与地区探索出新阶段的发展和转型机遇，借助国际低碳理念的逐步深入，在国家与地区经济发展评价中引入更多的绿色低碳评价指标，而不仅仅以 GDP 为唯一评判标准。新型经济发展评价水平的推出将直接推动那些原本在资源分布、产业结构、经济增长等方面存在不足的地区，在低碳经济时代提高绿色发展水平与综合质量，提升综合实力，重新焕发生机。

第三，在金融层面，推动绿色金融成熟稳定发展将完善现代金融体系。

自 2016 年绿色金融起步至今，绿色金融在中国仅历经了短短五年时间的发展，在不断完善和升级的同时，2021 年又新增碳中和目标的重要属性。中国正积极探索成熟的绿色金融发展模式，包括投融资模式和服务模式等，逐渐完善金融体系建设，推动相关金融新标准的出台，包括产业分类标准、碳市场交易标准、环境信息披露标准等，并在各个方面提供参与国际标准制定的机会，利用统一标准来提高绿色资金的国际流动性与国内外低碳市场开放性，逐渐消除投资壁垒。

碳中和目标不仅将带来国民经济生产方式的重大变革，更将推动与之相匹配的现代金融体系的升级与重塑。

（二）碳中和对中国的微观转型意义：

企业生产的模式变革

从微观角度，碳中和是一场根本上的供给侧结构性改革，倒逼企业在减排过程中开展绿色转型，从提高产量逐渐转变为提升质量和效率。在高排放、高耗能、低效率的中小企业逐渐退出市场的过程中，有条件、有技术开展减排升级的大企业将集中发挥碳中和带来的各种优势，开展绿色转型。

第一，在市场层面，碳市场发展模式为企业低碳转型带来金融机遇。

碳市场的全国性建设为碳中和目标的实现提供了重要的方式和手段，也为企业带来碳减排领域最重要的金融工具。

全国碳市场上线后为企业绿色低碳转型带来的金融机遇主要体现在对金融市场业务和产品的全方位扩展，具体包括：在碳金融领域培育人才优势，提高金融就业，开展学科研究，服务于企业低碳转型；发展碳资产托管机构与业务，并为企业广泛开展第三方碳金融服务，包括会计核算业务、审计业务、法律服务等；发展碳金融生态圈，包括碳排放权交易市场、碳金融衍生品市场、碳资产拍卖市场、碳交易保证金与杠杆市场、碳金融信息披露与资讯中心等，不断提高资产流动性，增添碳排放权的抵押质押属性，为企业提供融资便利；增添碳金融产品的多样性与碳中和导向属性，提供产品创新机遇，在借鉴传统金融产品发展经验的同时，借助数字经济时代的创新发挥更多的可能性，并进一步向气候融资产品发展，开启企业气候融资新时代。

同时，碳市场的发展也正推动国家选择一些低碳路径发展情况较好的地区，建立以碳中和为中心的碳金融试点地区，更好地服务于当地企业，并发挥碳排放权交易的地区辐射机制。

第二，在民生层面，低碳经济将为人民提供更多就业机会。

碳中和议题带来的一大重要问题是产业转型后的就业问题，而就业是一个重要的民生问题，各国碳中和政策中也相继提到了通过绿色产业增加就业。显然，绿色低碳产业的发展应该增加和提高国民就业而非减少甚至扼杀，促进就业与再就业更是符合高质量发展中"可持续性"的重要特征。

碳中和所带来的新兴绿色产业将为中国提供难以估计的岗位和人才需求。大企业自主探索减排路径与方式并带动中小企业建立减排联盟的过程中，需要碳减排领域的管理人才，也需要专业技术人才，而绿色技术创新所需的绿色初创企业更为人民群众创新创业带来了更多的选择。

第三，在风险层面，气候环境因素将成为企业风险管理的重要对象。

在低碳经济时代，国际政治经济中的风险与不确定性开始发生转变，全球气候环境因素带来的风险将逐渐占据重要地位。在全球低碳经济时代，环境风险治理将越来越受到企业的重视，尤其是跨国企业与国际合资企业。

而气候环境风险主要来源于两方面，一是企业本身进行低碳绿色转型带来的主观风险，包括转型成本、政策变动、信贷审批等，二是企业参与气候投融资中遇到的自然环境引发的客观风险。因此，风险层面的转变将推动企业逐渐提高风险管理能力，推动设立专门的气候管理部门进行负责，并最终提升整个行业的环境抗风险能力。

（三）碳中和下的国际格局演变：
悄然发生的全球大变局

随着碳中和成为重要的国际气候议题，各国相继提出碳中和目标与相关政策，国际产业格局将迅速发生转变，以低碳产业为主的原材料供应、国际物流、低碳技术授权、绿色专利转让、绿色经济与数字经济下的软件授权与硬件供应等共同构建的新型国际绿色产业链价值链将占据主导地位。

二、碳中和格局下的中国未来：启示与对策

2021 年 10 月，《中共中央、国务院关于完整准确全面贯彻新发

展理念做好碳达峰碳中和工作的意见》正式发布，把碳达峰、碳中和目标纳入经济社会发展全局，中国正通过建立"1+N"[①]的双碳目标政策体系，开展生态文明建设顶层布局。

从第一次到第二次，再到第三次工业革命，中国自进入工业时代以来长期未能在全球发展潮流中占据优势地位；而从气候议题诞生到《京都议定书》阶段，再到哥本哈根阶段，中国在过去近半个世纪的全球气候治理格局演进中也未能起到足够的引领作用。但面对以碳中和目标为核心的第四次产业革命和全球气候治理，中国若把握好第四次产业革命下的转型升级，将从根本上推进建设社会主义现代化强国的进程；若把握好碳中和共识下的全球气候合作与博弈，将彻底重塑中国在国际社会上的大国形象。

（一）碳中和气候博弈对中国的战略意义

碳中和长远目标的约束性并不体现在对经济生产和社会发展的阻碍，而是对生产方式和发展模式所提供的正确指引和有效边界。碳中和共识下的大国博弈，对中国的机遇和意义大于挑战。

第一，中国通过碳中和目标获得了前所未有的历史发展机遇，

---

① 中国财富管理 50 人论坛：《解振华详解制定 1+N 政策体系作为实现双碳目标的时间表、路线图》，2021 年 7 月 27 日。

将实现一场经济社会全方位的系统性变革[1]，提升以绿色低碳发展水平为主的综合国力。原本相对独立发展、联系范围较窄的产业和领域，将通过碳中和目标的渗透得以紧密联系在一起开启整体绿色升级，例如，绿色产业链升级带动了清洁能源供应和利用，绿色城市建设带动了绿色建筑、绿色交通和绿色基建的协同建设。

第二，碳中和目标下的全球气候治理是中国提升国际地位和话语权的重要转折点，是中国继和平反恐、反贪腐、反战争等之后所主动承担国际责任的一个重要领域。中国是负责任的大国，历来说到做到，在气候行动中的强大执行力将显著提高中国在国际社会上的领导力和公信力，应主动参与到全球气候标准制定与国际气候行动中去。碳减排与应对气候变化是一场国际舆论竞争，只有靠不断兑现承诺而非仅仅作出承诺，才能占据道德阵地并提升国际声誉。

第三，把握碳中和领域的绿色发展，将令中国在国际博弈中占据优势和先发地位。碳中和目标为金融界、能源界、贸易界、科技界等相继赋予了新的历史发展使命，当前中国在绿色金融、绿色贸易、绿色技术、清洁能源等领域均走在世界前列，例如，截至2021年上半年，中国本外币绿色贷款余额已达13.92万亿元，同比增长26.5%，居世界第一，同时投向具有直接和间接碳减排效益项目的贷

---

[1] 王文、赵越：《欧美碳减排经验教训及对中国的借鉴意义》，载《新经济导刊》，2021（2）。

款分别为 6.79 万亿元和 2.58 万亿元，合计占 67.3%[①]；中国目前也是世界第一大环境产品出口国，占世界出口的 13.8%，同时是第二大进口国，占世界进口的 6.9%[②]，贸易顺差高居世界榜首；中国风电和光伏的新增与总装机容量均已跃居世界第一，在清洁能源领域亦占据了国际领先地位。

绿色低碳产业作为国际竞争的新领域，中国及早开展产业布局在未来国际气候合作中具备深远的战略意义，是中国本身的气候话语权和未来绿色增长的结合。

（二）碳时代国际关系中的低碳话语权与规则塑造

提高气候治理的话语权与掌握气候舆论的主动权，核心在于如何对外讲好中国碳中和故事。根据全球气候治理的历史演进特征，过去近半个世纪以来，气候治理与减排行动的话语权往往掌握在发达国家手里，发达国家在实现工业化和产业链价值链升级后有实力和条件开展碳减排，从而气候治理初期仅有发达国家发起和引领。

---

① 中国人民银行：《2021 年二季度金融机构贷款投向统计报告》，2021 年 7 月 31 日发布。

② 商务部国际贸易经济合作研究院绿色贸易研究中心：《2017 年中国绿色贸易发展报告》，2017 年 12 月 21 日发布。

而发展中国家尚未从工业发展过渡到环境治理阶段，早期对于应对气候变化多以参与、协商、讨论为主，缺少积极性与主动性。为此，中国在《巴黎协定》与碳中和目标下的全球新阶段中，应挖掘并把握后发优势，提高两方面的话语权：一是气候行动的解释权[①]，二是气候标准的塑造权。

从解释权的角度，在气候危机下，国家与国家之间的责任应当是平等的，部分发达国家无权为发展中国家强加义务。为此，中国在气候行动上的话语权在于中国有权定义和决定自己的气候目标、方法和成果，例如，何时实现碳达峰与碳中和以及以何种路径达成碳减排的阶段性任务等，多向世界展示自身的减排成果，多参与国际气候问题的谈判和交流。同时，中国对外有权对其他国家的气候行动作出评价，也有权对于其他国家的气候要求进行选择。

从塑造权的角度，中国应把握碳中和共识下全球气候标准与大国博弈的规则塑造权，以符合人类共同利益、推动各国实现互利共赢、重视发展中国家的特殊需求三方面原则开展贸易规则、金融标准、关税水平、技术规范等的制定，营造良好公平的气候竞争与合作环境，通过塑造标准带动区域绿色贸易与绿色金融市场的联通，在扩大规模的过程中提升国际影响力。

---

① 王一鸣：《科学发现的解释权及其寻租问题——以哥本哈根气候变化大会为案例》，载《科学学研究》，2011（12）。

（三）正确处理发展中国家三对气候治理系统性关系

中国作为发展中国家，正处于工业化进程之中，在全球气候治理的碳排放约束下无法走"先污染，后治理"的道路，面临发展中国家特色减排问题，必须重新探索符合中国国情和目标的发展路径，并正确处理好三对系统性关系：

第一，正确处理经济发展与低碳减排之间的关系。中国自主提出的碳中和目标不是限制自身发展的枷锁，应当正确把握碳中和对中国开展社会经济系统性变革的意义和价值，实现在不牺牲经济发展的前提下开展污染物治理与温室气体减排，最终目标是提高经济发展的质量和效率。气候议题可能沦为发达国家对发展中国家的政治打压手段，甚至将中国作为气候政治的替罪羊，但在气候治理框架下探索降低排放、降低消耗、具备环境兼容性的发展模式是符合发展中国家长远利益的根本原则。

第二，正确处理全国与地区、整体与局部的绿色低碳发展关系，在全局减排、全国统筹目标的大框架下开展区域碳达峰、碳中和工作和协同治理。双碳目标对外承诺是以国家为主体，对内则需要根据各省市资源禀赋、经济发展状况等因地制宜地开展产业结构和能源结构的优化升级，推动有条件的地区实现先达峰，发挥优势经验带动其他地区后达峰，避免部分地区通过限电、减产、瞒报、造假等方式进行碳达峰进度攀比、运动式减碳^①等恶性竞争。

第三，正确处理双碳短期与中长期目标之间的关系，明确碳达峰、碳中和下各类阶段性与长远性减排目标之间的关联、规划甚至取舍。碳中和是最终目的，碳达峰是中间过程，中国从达峰到中和仅有 30 年的时间，远低于发达国家 60 到 80 年，从而难以借鉴他国经验，必须自主探索相关路径，尤其要注意那些有助于在短期内实现达峰的减排举措缺乏对长期碳中和进程的适应性和可持续性问题。

（四）在人类命运共同体下探寻中国出路

碳中和不仅事关中国的社会主义现代化建设和民族复兴，更是人类在气候危机下寻求的一条重要出路。中国在人类命运共同体的大框架下，应以探索中国特色碳减排与绿色发展道路为根本原则，先做好自身工作，时刻避免受到部分西方发达国家裹挟和强迫。

中国所探索的碳中和之路并不是一场军备竞赛，不是为了争夺世界霸权，本质上仍是承担应对 21 世纪全球气候变化的大国责任与

---

① 余木宝：《警惕"运动式"碳减排》，载《中国石化》，2021（8）。

担当，为的是全人类的长远共同利益。为此，对内不能通过盲目高速的碳减排行动和绿色产业规模扩张开展气候治理的国际攀比，对外则应明确实现气候目标是一个不断寻求合作、以良性竞争促发展的过程，运用双循环和新发展理念寻求出路。

碳中和下的气候治理格局将长期以合作和竞争并存为基本特征，但对于国际竞争与博弈而言，美国霸权衰落与欧盟气候领导力走弱，二者并不代表中国提高了气候治理的能力，中国仍需要以自身的气候目标和实施进度作为自我评判与提升的首要标准，始终做到应以客观现实为基准。

中国是发展中国家，历来重视与其他发展中国家和欠发达地区的友好协作，从国际视角来看，中国碳中和特色路径不会像部分发达国家那样向发展中国家和欠发达地区的贫困人口施压，不会牺牲任何人类同胞的权利和利益，而是发挥中国经验的作用，带动广大发展中国家的能源清洁发展、绿色基础设施建设、气候问题危机预防与治理，推动全球绿色发展进程，以实际行动共同构建人类命运共同体。

三、碳中和：中国的战略新起点

在中国的长期碳减排进程之中，从过去的碳减排，到现在的碳达峰，再到未来的碳中和，其不同历史阶段的目标要求与推进模式均有所不同。中国人均碳排放高于世界平均水平，人均 GDP 较低，使碳排放强度较高，令提升经济发展质量成为当前需尽快改善的最重要问题。作为发展中国家，中国从达峰到中和的承诺仅为 30 年时间，远低于英国、法国等发达国家所制定的 50 至 60 年的过渡期。碳中和进程在中国尚处于起步阶段，具体路径仍需要不断探索和试错，不能照搬和杂糅国外的政策经验，应充分考虑本国的低碳经济发展局势与潜力，科学制定具有中国特色的碳中和战略。

第一，应从构建人类命运共同体的角度推动碳达峰、碳中和目标早日实现。国际碳中和议题不仅关系到温室气体排放和全球气候变化问题，更关系到世界粮食安全、卫生健康、经济稳定发展等问题，越来越成为制约世界绿色可持续发展的关键因素。中国需要在提高本国绿色经济发展水平的基础上，进一步从全人类利益的国际角度考虑碳中和的历史意义，不断提高自主贡献目标，推出更多的具备长期可持续发展特性的举措。同时，应在碳中和引起的国际政治经济格局转变中发挥负责任大国作用，升级与建立更友好的国际低碳合作关系，不断积极参与国际标准制定，参与各种国际绿色组织与研讨论坛，发行主权绿色债券，带动国际绿色金融市场的发展，并早日建立新的国际绿色金融中心以参与国际合作，为推动构建人类命运共同体贡献力量。

第二，应探索可持续的、符合碳中和长远目标的绿色金融体系与服务模式。碳中和产业为中国带来了绿色产业投融资机遇，同时也带来了巨大的资金需求，但现有的绿色金融发展进度难以完全满足这种逐渐增大的资金缺口，而当前绿色金融也存在产品单一、市场不均衡、制度不完善等问题，并且还没有完全适应碳中和的发展要求，低碳减排属性不够明显。中国需要不断推动绿色融资的多元化，更需要根据具体的产业特征将金融产品细分，按照碳减排、环境污染治理、气候风险管理等方向来发展不同的绿色金融工具，并推动各种第三方绿色服务统筹发展，建立符合碳中和要求的绿色金融全方位服务模式，推动货币政策的结构优化。

第三，应在推动能源与工业低碳进程的基础上，高度重视数字经济时代潜在领域的减排工作。尽管目前电力、工业等部门的碳排放占据了社会排放总量中相当大的比例，但其他部门的减排工作也不容忽视。首先，随着数字经济在国民经济中占比不断提升，以及数字产业和相关企业的蓬勃发展与规模扩张，信息与通信技术（ICT）行业在碳排放领域的影响[①]将会逐渐突出，大有超越传统工业成为潜在的重点排放行业的趋势。对此，中国需要推动互联网行业积极探索碳中和路径，尽早制定减排策略，引领国际领先发展趋势，为智能时代的到来做好充分准备。

第四，应将绿色低碳发展与国民经济增长置于同等重要的地

---

① 王元丰：《不要忽视信息通讯行业对实现碳中和的作用！》，载《环球时报》，2021年2月22日。

位。随着经济发展的要求不断提升，GDP 并不足以评价区域经济发展质量，而是应逐渐引入更多的绿色低碳相关指标以评价国家和地区的经济发展状况，并将绿色产业发展增加值、绿色金融业务占比、碳排放强度等作为综合评价的参考指标，提高各个地区开展绿色发展的积极性，鼓励他们不以牺牲环境质量为代价发展区域经济，而是创造经济与绿色的良性循环。为此，中国需要进一步完善相关绿色产业目录，科学评定碳减排的经济效益，同时开展评价所需的数据支持与披露工作，在现有的环境披露工作中添加碳资产和碳足迹披露，推动企业不断重视碳资产在资产负债表中的展示，并将碳交易情况纳入主动披露内容，以彰显企业对绿色低碳发展的重视度。

最后，中国提出碳达峰、碳中和目标，是落实联合国《巴黎协定》的庄严承诺，是以习近平同志为核心的党中央经过深思熟虑作出的重大决策，事关中华民族永续发展和构建人类命运共同体。碳中和目标提出一年来，中国各级政府与各行各业均高度重视，积极探索行动方案，加快制定路径规划，为实现碳达峰、碳中和长远目标打下了坚实基础，在生态文明建设与绿色可持续发展道路上迈出坚定步伐。

14 Chapter 14

后疫情时代的中国经济绿色复苏：
契机、困境与出路

　　党的十八大以来，根据生态环境部统计数据，2015 年中国工业排放的二氧化硫、氮氧化物和烟（粉）尘分别占当年全国排放总量的 83.7%、63.8% 和 80.1%，虽然排放量与排放占比逐年略有下降，但工业污染物已使资源环境承载能力接近了极限。

　　近年来，中央决策层将污染防治作为"三大攻坚战"之一，并在"两山论"的指引下取得了显著的成效。2016 年，"十三五"规划明确将"绿色发展"纳入新发展理念。2020 年，新冠肺炎疫情在全球肆虐，给世界经济与环境带来了不可估量的损失，使得疫情后的全球经济复苏成为世界各国的首要任务。2020 年 9 月 22 日，在第七十五届联合国大会一般性辩论上，习近平主席正式提出我国将争取在 2060 年前实现"碳中和"的宏伟目标，并与 2030 年"碳达峰"组成"双碳"目标，标志着中国正式进入绿色低碳发展快车道。2020 年 10 月底，中共中央十九届五中全会通过了《中共中央关于制定国民经济和社会发展第十四个五年规划和二〇三五年远景目标的建议》，明确将"推动绿色发展，促进人与自然和谐共生"作为未来五年发展的重要内容。

2020 年 9 月 23 日，波茨坦气候影响研究所所长约翰·罗克斯特罗姆（Johan Rockstrom）在国际绿色复苏论坛上表示，"人类将面临生态环境的临界点（tipping point）。最新研究表明，亚马逊雨林减少 17%，如果继续减少，随着全球气候变暖、海洋循环速度变慢、森林火灾以及干旱将导致人类逼近生态环境临界点的风险。未来 10 年是人类改变生态环境恶化的关键时期，减少碳排放和保持生物多样性是人类跨越临界点的唯一出路"[1]。罗克斯特罗姆的警示，再次提醒了全球经济绿色复苏在后疫情时代的重要性与必要性。

由此可见，绿色复苏不仅是中国在后疫情时代走出疫情影响的最关键举措，更是中国探索"双碳"目标实现路径并追求绿色低碳高质量经济发展的必经之路。

---

① 刘硕：《报业辛迪加论坛：投资绿色复苏将避免大流行病》，新浪财经，2020 年 9 月 24 日。

一、后疫情时代中国经济绿色复苏的契机

在后疫情时代，人们深刻体会到健康的生态环境对人类生存的重要性，全社会开始从关注 GDP 数值转向提高生态环境治理和可持续发展水平。绿色复苏不仅可以满足人们对绿色环保生存环境的要求，更是后疫情时代经济可持续发展的关键。具体可总结为以下五个方面：

一是人们加强公共卫生意识，更加关注生命健康和生存环境。新冠肺炎疫情使得人们逐渐意识到绿色可持续发展不仅仅关系到环境问题，更涉及每个人，唤醒了广大人民群众的生态与健康需求。疫情期间，人们对大气治理、水污染、土壤污染、食品安全等特别关注。各类重点污染和排放不达标企业纷纷关停，或积极进行技术升级与生产转型。

二是数字智能互联互通和智能制造等技术被社会各界广泛投入使用。世界已经进入数字经济智能互联时代，中国采取更为全面的对外开放政策，企业必须直接参与国际产业竞争。传统高碳产业的高污染低产出已经无法获得投资和市场支持，市场环境大幅调整，企业失去以往市场上的竞争力。这些产业（企业）如果想继续发展，必须实现绿色数字化转型升级。

三是人们调整消费习惯和生活方式，进入数字化"智云"社会。"云"生态模式得到广泛应用，云办公、云聚会、云课堂、云社交、

云婚礼、云毕业、云招聘、云答辩、云游戏、云医院和云就业等创新模式不断出现。新冠肺炎疫情期间，全球超过20%的机构采取了居家办公的方式。iiMedia Research（艾媒咨询）的一项数据显示，中国2020年新春复工期间，超过1800万家企业采取了线上远程办公模式，近3亿人开启在家办公模式。Facebook宣布未来10年调整业务结构，4.5万名员工中有一半采取永久性居家办公，Twitter也选择大部分员工无限期居家办公。在美国每名员工一年可以消耗重达1/4吨的物资，其中包括1万张打印纸。40%的二氧化碳排放量产生自办公室的取暖、降温和照明，所耗电量达到用电总量的70%。仅交通一项，上班族们每年就要排放13亿吨二氧化碳。此外，处于待机状态下的电脑每年要消耗价值10亿美元的电力。很多机构表示在疫情后继续沿用居家数字办公模式。消费习惯、生活方式和办公模式的数字化倒逼企业进行数字化转型，数字化颠覆了传统产业生存模式，对企业提出绿色数字化发展的高质量要求。

四是全球化的重心转为区域化，产业链、价值链和供应链被重构。由于百年不遇的疫情爆发所导致的全球经济大衰退，世界经济发展开始从全球化模式转为以地方性贸易为主的区域化模式。全球市场萎缩，原有的全球化产业链、价值链和供应链由于疫情造成阻隔断裂，各国为保持自身安全，必须重构区域产业链、价值链和供应链以保障本国的有效供应。其中，我国传统依赖的外向型经济也会受到一定影响，在产业链、价值链和供应链重构的过程中，各国都希望在绿色产业链上处于高端位置，导致企业间竞争加剧。而高碳排放企业在绿色发展之路上的生存空间非常狭窄，必须快速调整产业结构和技术升级，实现转型升级与绿色高质量发展。

五是绿色复苏为各国提供了大量新业态工作岗位。韩国政府认为，发展新能源产业创造的就业岗位将是制造业的 2—3 倍，尤其是太阳能和风力发电产业的发展，将创造相当于普通产业 8 倍的就业岗位。[1] 根据中国社会科学院城市发展与环境研究所课题组估算，绿色投资累计将会给我国经济创造 520 万—530 万个工作机会，其中节能减排和生态建设投资约可带来 208.4 万个直接与间接工作岗位；结构调整和技术改造投资可带动 233.9 万人就业；农村民生工程（沼气池建设）可创造将近 9 万个相关工作机会；环保产业从业人员预计达到上千万人。

综上所述，在后疫情时代，经济复苏的过程也是绿色复苏的过程，更是企业生产方式与人民生活方式向绿色转变的过程。疫情给经济造成了不可估量的损失，但也带来了发展与转型的机遇。可持续发展之路是化解疫情危机和经济衰退的关键，而绿色复苏则是可持续发展的核心，更是世界各国走出困境的出路。

---

① 赵刚：《绿色就业助推经济复苏》，载《科学时报》，2010 年 12 月 20 日。

二、后疫情时代中国经济绿色复苏的困境

疫情令世界人民了解到重视气候环境变化、走绿色可持续发展道路是延续人类文明的关键，绿色复苏将为人类命运共同体未来的前进道路作出重要指引。然而，2020年疫情爆发所导致的经济衰退，使企业生存环境发生了巨变。很多企业面临生存压力，远超过其自觉推进绿色化转型的动力。绿色复苏在中国面临着巨大困境，经实地调研走访发现，中国各地推进经济绿色复苏存在七种典型难题：

一是绿色转型成本过高，导致地方绿色转型的能力不足。近年来，长江部分地区深陷所谓"化工带"的阵痛中。调研发现，长江流域的绿色转型资金投入明显不足。在转型过程中，一些化工企业和化工园区普遍面临历史欠账多、治理水平不高、手段不足以及资金、人力、技术投入短缺等问题，亟待探索绿色循环治理模式，突破资金、技术和管理难题。如公开报道所示，常州滨江经济开发区（春江镇）相关负责人说："滨江经济开发区的沿江劣质化工企业腾退需要近30亿投入，还不包括后期10多亿元的场地环境调查和生态功能修复，地方政府普遍缺乏融资渠道，财政压力较大。"[1]

二是高污染产业面临着资源依赖，导致绿色复苏出现转型瓶

---

[1] 朱筱、王贤、柳王敏：《长江"化工带"深陷转型阵痛》，载《经济参考报》，2019年2月12日。

颈。中国是全世界煤炭开采量和消费量最大的国家，在中国 2019 年能源生产结构中，原煤占比 68.8%，远高于 27% 的世界平均水平。能源对煤炭的依赖度在短期内很难大幅度降低，清洁能源（风能、太阳能、核能等）的技术改造也并不能在短期内得到解决。这导致中国的绿色复苏之路布满荆棘。

三是污染企业利润诱惑过大，导致企业绿色化的动力不够。以公开报道的石药集团为例，根据新疆托克托县官方网站公布的产量——年产 4000 吨青霉素工业盐、2000 吨 6-APA 和 4000 吨阿莫西林原料药来推算，其每天要排 5000—6000 立方米的污水，利润约 2.8 亿元。本书估算，类似产能规模的企业，如果按国家标准排放，污染处理设施还要投资 2 亿—3 亿元，每年运行成功需 1 亿—2 亿元，这势必让企业利润大打折扣。化工医药是高污染行业，企业利润无法抵消其所造成的环境污染，若按国家环保要求进行生产，企业利润会大幅减少。

四是重污染企业向经济欠发达地区转移，加大绿色复苏的难度。为逃避环境监管处罚，一些重污染企业借各地污染治理指标的不同，由南向北、自东向西搬迁至经济欠发达地区，通过为当地提供税收和就业，获得生产许可，继续排污运营。例如，2008 年，环保部颁布了《生物工程类制药工业水污染物排放标准（GB 21907-2008）》，8 月 1 日起实施。东部某省市的一位药企负责人称，在新的污染物排放标准下，大部分药厂无法达标，导致上海药企逐渐放弃在本地进行原料药品生产，并依靠各地环境监管差异将生产搬迁至安徽、江西等中西部地区。在污染治理带来的技术成本和政策成本下，逐利性驱使企业向边远地区进行污染转移。

五是地方政府对企业污染处罚力度较弱，督查绿色复苏的力度不够。这主要是指企业为追求利润而忽视环保惩罚的事例。2020年7月，山东某橡胶生产公司污染防治设施未运行，涉嫌违规排放大气污染物，被罚款13万元。2020年8月20日，某药业公司发布公告，公司合并报表范围内子公司因通过逃避监管方式排放水污染物，被当地生态环境局罚款100万元。调研表明，这些罚款对企业未来的排污惩戒作用有限，对同类企业的警示意义也不明显。

六是一些高排放企业的失业压力，诱使地方保护的滋生。以山东省某钢厂为例，虽然长期存在污染，但基于企业解决当地很多人就业，给地方带来税收，因而一直处于地方保护状态。由于新环境保护法规出台，污染严重超标的钢厂被关停转产，直接导致8000多名职工失业。类似的现象存在不少，而就业是地方稳定的重要指标，高排放企业一旦挟失业风险相逼，往往会获得地方保护。

七是一些中小企业数字化转型技术能力不足，影响绿色复苏的进程。根据《中小企业数字化转型分析报告（2020）》显示："在江苏、山东、浙江、广东等地具有代表性的2608家中小企业样本中，89%的中小企业处于数字化转型探索阶段，企业开始对设计、生产、物流、销售、服务等核心环节进行数字化业务设计；8% 的企业处于数字化转型践行阶段，对核心装备和业务数据进行数字化改造；仅有3% 的中小企业处于数字化转型深度应用阶段。"企业迫切希望通过数字化转型提升生产效率和提高产品质量，但普遍面临"不会转""不能转""不敢转"等技术难题。一方面，各地企业面临转型人才欠缺、数据采集基础薄弱、技术应用水平较低等难题；另一方面，高昂的转型成本和有限的资源投入，造成中小企业数字化转型难以为继。数字化转型的困难，势必影响绿色复苏。

综上所述，通过各地调研与公开报道的案例整理收集发现，虽然中央和地方提供财政和金融专项扶持企业（特别是小微企业）生产，但企业绿色发展转型中仍然存在诸多现实而复杂的困难，是疫情后绿色复苏工作中需要逐一克服的难题。

三、世界各国绿色复苏政策及其启示

自 1989 年英国环境经济学家大卫·皮尔斯（David Preece）在《绿色经济的蓝图》一书中提出"绿色经济"概念以来，得到了联合国的积极响应。1992 年 5 月 9 日通过的《联合国气候变化框架公约》于 1994 年 3 月 21 日生效，呼吁成员国关注和应对全球气候环境变化、确保粮食生产和努力推动国民经济的可持续发展。1997 年《京都议定书》、2007 年《巴厘路线图》和 2015 年《巴黎协定》的达成，使温室气体减排成为缔约国可量化的法律义务。[1] 2008 年 10 月，联合国环境署启动了"绿色经济行动倡议"项目，2009 年 4 月发布《全球绿色新政政策概要》，启动《全球绿色新政及绿色经济计划》促进绿色发展。

虽然美国在特朗普执政时期绿色经济的相关政策受到了巨大冲击，但拜登民主党政府执政后，重返《巴黎协定》并重启一系列以清洁能源和绿色基建为主的"绿色新政"，会对绿色经济起到推动作用。可以乐观地预估，在后疫情时代，各国更倾向于根据本国实际发展水平，结合联合国相关决议制定本国的绿色发展政策和战略。绿色发展不再局限于自然资源领域，而是包括可再生能源、绿色产品、低碳技术、生态系统、排放标准、环境规制和消费方式等方面。为此，梳理世界各国不同侧重点的绿色发展政策对中国有借鉴意义和启示作用。

第一，科技创新和产业转型推动绿色复苏。自从 2008 年世界金融危机爆发后，世界各国都积极应对气候问题。如表 14-1 所示：美、欧、日、巴西和中国等发达国家和组织及新兴经济体陆续出台绿色经济刺激计划，力图通过高科技和产业创新推动原有经济向绿色经济转型。

美国时任总统奥巴马积极制定 1500 亿美元的绿色复苏计划，希

---

① 王文、刘锦涛：《碳中和元年的中国政策与推进状况——全球碳中和背景下的中国发展（上）》，载《金融市场研究》，2021（5）。

望将美国经济转为绿色经济，减少对化石能源的依赖，在新能源领域占领制高点。但是，随后美国没有签署《京都议定书》，导致奥巴马的绿色就业计划搁浅。美国民主、共和两党对绿色就业分歧严重，随后特朗普政府却转为支持页岩石油的生产，并于 2020 年 11 月 4 日正式退出《巴黎协定》，导致其间美国绿色产业远远落后于欧盟、日本和中国。

2020 年新冠肺炎疫情爆发，各个主要经济体都积极启动绿色复苏计划以实现经济可持续发展，例如，制定电动汽车、绿色建筑改造、可再生能源、高速电气化铁路、氢燃料、数字智能高科技等绿色发展政策，并分别计划在 2050 年至 2060 年间实现"碳中和"净零排放，希望能在后疫情时代实现绿色经济和数字经济协同发展，在产业链、供应链和价值链重构中占据优势地位。

2020 年"两会"期间，习近平总书记在看望参加政协会议的经济界委员时强调，要"逐步形成以国内大循环为主体、国内国际双循环相互促进的新发展格局"。中国未来将通过技术创新、制度创新、数字化转型、绿色金融和新能源开发等方式减少污染（化石高碳能源消耗和温室气体排放），推进新旧动能转换，实现绿色可持续发展。

欧盟、日本和中国在可再生新能源产业中领先于其他国家，主要是太阳能、风能和电池产业。这些国家和地区持续推出新的绿色复苏政策，加速实现产业绿色转型升级，并制定严格的温室排放标准和绿色经济战略规划。

表 14-1 世界主要国家和地区绿色政策汇总表

国家或组织	时间	政策
美国	2021 年 2 月	美国新一届总统拜登签署重返《巴黎协定》法律文件，将投入 1.9 万亿美元发展绿色产业，同时创造 7000 万个新能源就业岗位，2050 年实现零排放
	2020 年 6 月	美国预计投入 1410 亿美元发展新能源汽车基础设施
	2009 年	美国时任总统奥巴马积极制订 1500 亿美元的绿色复苏计划，开展为期 10 年的清洁能源计划，创造 500 万个就业岗位
欧盟	2020 年 7 月	欧盟启动《欧盟氢能战略》，以克服疫情造成的经济困难。2030 年电解氢能达到 40 吉瓦，创造 540 万个工作岗位，年营业额 8000 亿欧元
	2020 年 5 月 27 日	欧盟委员会公布一项总值达 1.1 万亿欧元的复苏计划，其中 30% 的预算涉及一系列支持绿色转型的措施，将落实《欧洲绿色协议》作为疫情后"化危为机、复苏经济的动力"
	2019 年 12 月	欧盟发布《欧洲绿色协议》作为推动欧洲经济复苏的主要动力。未来 10 年投资 10 万亿欧元，25% 用于气候友好型领域。2 年内投资可再生能源 250 亿欧元，设立 100 亿欧元基金。400 亿欧元用于电动汽车基础设施建设，设立 200 亿欧元清洁汽车投资基金

国家或 组织	时间	政策
	2009 年 3 月 9 日	欧盟委员会宣布在 2013 年前投资 1050 亿欧元支持"绿色经济"
日本	2012 年 7 月	日本推出《绿色发展战略》总体规划
	2009 年 4 月 23 日	日本环境大臣齐藤铁夫公布了名为《绿色经济与社会变革》的政策草案，目的是通过实行削减温室气体排放等措施，强化日本"绿色经济"
中国	2020 年 9 月	中国对"二高一资"企业的出口产品停止返还出口关税
	2020 年 7 月	国家绿色发展基金启动
	2020 年 5 月	广东省政府发行绿色政府转型债券
	2019 年	七部委制定《绿色产业指导目录》，江西赣州发放首单政府绿色债券。中国人民银行发布《关于支持绿色金融改革创新实验区发行绿色债券融资工具的通知》。多个城市给予绿色债券发行财政支持，广州给予发行费用 15% 上限 100 万元、深圳给予 2% 上限 50 万元的支持。《粤港澳大湾区发展规划纲要》支持香港打造绿色金融中心，支持广州创建绿色金融改革创新示范区，建立碳排放期权交易，设立以人民币结算的绿色金融平台。取消 QFII 和 RQFII 的投资额度限制。银保监会发布《关于推动银行业和保险业高质量发展的指导意见》，进一步将 ESG 纳入整个授信过程

国家或组织	时间	政策
	2017 年 10 月 18 日	习近平在党的十九大报告中指出推进绿色发展
	2009 年	4 万亿人民币经济刺激计划中 37% 用于绿色科技领域，2000 亿直接用于环保和降低碳排放
英国	2020 年 7 月	发布 300 亿英镑经济复苏计划。30 亿英镑用于气候行动，20 亿英镑用于绿色节能房屋，创造 10 万个就业岗位
	2009 年	制定绿色经济发展战略，创造 10 万个绿色就业岗位
巴西	2009 年	制定《巴西 21 世纪议程》，与国际组织联合制订了热带雨林自然生态保护计划，在亚马孙地区实施"绿色经济特区"政策，颁布《亚马孙地区生态保护法》，巴西首部《气候变化和环境法》也于 2007 年推出。官方数字表明，近 20 年来巴西政府用于亚马孙地区环境的治理投入累计达 1000 多亿美元。在加强生态保护的同时，巴西政府还把可持续发展理念引入旅游业，以生态管理技术支持亚马孙生态旅游计划
印度	2009 年	打造绿色经济大国，2008 年至 2017 年吸引绿色投资 1500 亿美元，2010 年可再生能源占比 10%，2020 年占比 20%
	2008 年	发布《气候变化国家行动计划》
韩国	2009 年	2012 年前向"绿色经济"投入 350 亿美元

国家或组织	时间	政策
法国	2020 年	从 2020 年开始接受申请，居民改造住房进行绿色低碳翻新的给予每户 1 万欧元补贴，到 2050 年将翻新 2000 万套住房，创造 200 万个就业岗位，2017 年翻新市场规模 280 亿欧元
德国	2020 年	启动"西海岸 100"氢能实验项目
	2020 年 6 月 3 日	2020—2021 年推行 1300 亿欧元经济复苏计划，500 亿欧元用于电动汽车、人工智能、量子计划。每辆电动车补贴 6000 欧元。25 亿欧元用于充电设备和电动交通

资料来源：作者根据公开资料整理

第二，关键领域投资驱动绿色复苏。2020 年 6 月 18 日，国际能源署会同国际货币基金组织针对疫情后经济复苏发布了《可持续复苏》报告，制订了一项 3 亿美元的绿色复苏计划，将使全球经济在 2023 年前每年增长 1.1% 并从疫情中慢慢恢复，预计每年创造 900 万个工作岗位，并减排 45 亿吨与能源相关的温室气体。该计划要求全球每年投资 1 万亿美元，约占全球 GDP 的 0.7%，希望给世界各国提供一个可借鉴的绿色复苏方案，涉及工业、电力、交通、科技、建筑和生物燃料六个关键领域的投资。

第三，多种金融方式支持绿色复苏。中国、德国、荷兰、法国、瑞典和波兰都发行了绿色债券以支持绿色经济。2019 年，国际绿色债券发行量大幅上涨，发行规模达到 2577 亿美元（约 1.8 万亿元人民币），较 2018 年同期增长 51.06%，增速大幅提升。历年全球绿色债券发行量如图 14-1 所示。

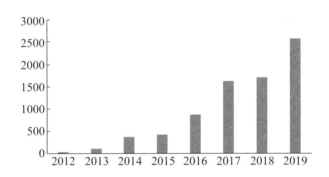

图 14-1　2012—2019 年全球绿色债券发行总规模统计图（单位：亿美元）

数据来源：气候债券倡议组织（CBI）公开数据

在符合 CBI（Climate Bond Initiative，气候债券倡议组织）定义的贴标绿色债券发行量排名中，中国以 313 亿美元（约 2160 亿元人民币）位列世界第二，仅次于美国，法国、德国、荷兰分列第 3—5位，具体如图 14-2 所示。此外，巴巴多斯、俄罗斯、肯尼亚、巴拿马、希腊、乌克兰、厄瓜多尔和沙特阿拉伯等新兴市场国家也开始发行绿色债券。

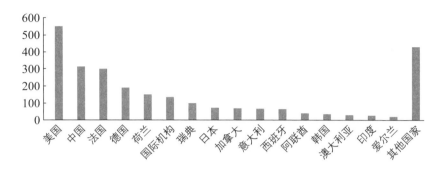

图 14-2　2019 年全球 CBI 绿色债券发行量统计图（单位：亿美元）

数据来源：气候债券倡议组织（CBI）公开数据

　　如图 14-3 所示，中国和国际 CBI 的绿债标准有所不同，2019 年符合中国标准的中国贴标绿色债券发行量为 3390.62 亿元人民币，比 2018 年增加 26.7%；在发行数量上，2019 年全年中国绿债境内外共发行 214 只，来自 150 个发行主体[①]，数量同比 2018 年增长了 48.6%。截止到 2019 年年底，中国国内的绿色贴标债券总余额约为 9772 亿元人民币，非贴标绿色债券总余额预估超过 1.7 万亿元人民币。国内企业积极发行绿债为绿色项目融资，例如，蔚来汽车公司（NIO Inc）为建立 1100 座充电站而发行了 52.3 亿元人民币非贴标债券和 210 亿元人民币 CBI 贴标债券。中国的绿色贴标和非贴标债券

---

　　① 蓝虹：《绿色金融成为推动经济绿色发展的关键力量》，《金融时报》-中国金融新闻网，2020 年 9 月 14 日。

都在快速发展，为实体经济绿色复苏提供了绿色金融服务与支持。

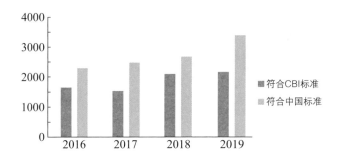

图 14-3　2016—2019 年符合 CBI 或中国标准的中国绿债发行量统计图
（单位：亿人民币）

数据来源：气候债券倡议组织（CBI）公开数据、
中国金融信息网绿色金融数据库

　　新冠肺炎疫情并没有阻碍绿色债券的增长趋势。根据彭博社新能源财经（BNEF）提供的数据，截至 2020 年 9 月，全球绿色债券发行规模已正式突破 1 万亿美元大关，仅 2020 年前三季度就发行了2000 亿美元。欧盟此时又计划发行 2250 亿欧元绿色债券来刺激经济，超过了 2019 年全球绿色债券发行量总和，是一场推动全球绿色发展的"绿色债券革命"。

　　此外，世界各国还通过建立绿色发展指数、碳交易期权、金融租赁、资产货币化、绿色发展补贴和绿色发展引导资金等多种金融方式支持绿色发展。而不同国家也各自建立了不同的绿色标准，有的国家或地区采取可持续发展债券或社会债券的方式支持绿色发展。

综上所述，新冠肺炎疫情令可持续发展与应对气候环境变化成为世界人民的共识，世界各国纷纷抓紧制定应对措施以早日走出困境、实现绿色复苏，启动绿色战略、加速产业绿色转型、制定绿色经济规划。而绿色债券在全球经济衰退下的逆势增长也反映了绿色复苏在应对新冠肺炎疫情中的重要性和必要性。因此，中国需抓住后疫情时代的绿色发展机遇，借鉴国内外政策经验，不断促进国内产业经济绿色转型，逐步实现绿色复苏。

四、中国推动经济绿色复苏的重要举措

面对全球气候变化带来的长期挑战和重大风险，中国将坚持推动全球绿色低碳复苏。而如何破解绿色转型的困境，不仅影响到人类生存环境的改善，更直接关系到经济复苏的成效和能否实现经济的可持续发展，以及最终实现中华民族伟大复兴。

为此，中国需充分利用绿色经济与数字经济领域的优势，在工业革命 4.0 到来之际，构建"以国内大循环为主体、国内国际双循环相互促进的新发展格局"。通过技术创新、制度创新、数字化转型、绿色金融和新能源开发等方式减少污染（化石能源消耗和温室气体排放），推进新旧动能转换，实现绿色可持续发展，发挥绿色经济优势，在全球产业链、价值链和供应链重塑中保持高端引领地位。

2020 年 5 月 22 日，国务院《政府工作报告》中强调，集中精力稳住经济基本盘，"以保促稳、稳中求进"，同时强调坚持新发展理念，坚持以供给侧结构性改革为主线，坚持高质量发展，推动制造业升级和新兴产业发展，正式布局"两建"（新型基础设施建设和新型城镇化建设），这为绿色复苏奠定了基本方向。[①]

综合地方企业环境调研案例和世界各国绿色复苏政策，本书为中国实现绿色复苏之路提出以下四个层面的举措：

第一，在国家层面，重视顶层设计，依法推进绿色复苏。

首先，作为国家层面的重要战略，推进绿色复苏需要顶层设计，高位统筹制定方案，形成系统推进、全面推进的态势。同时，要完善绿色法律法规体系，包括环境法规、能源法规、绿色生产与消费法规、绿色金融法规等，形成高位统筹与依法推进协同作用、优势互补的态势，尤其要重视依法推进绿色复苏。针对地方调研案例中所反映的企业污染转移问题，其主要原因在于污染法规和惩罚力度的地域差异性。因此，为了有效避免企业借污染治理指标的不同而搬迁至污染法规相对宽松的经济欠发达地区，以杜绝部分地区对污染企业的地方保护现象，需要从更大范围内统一与协调各地区的环境法规及执法力度，覆盖到每个地区、每家企业，以约束整个

---

① 李婷:《后疫情时代，中国有望引领绿色低碳复苏》，载《中国能源报》，2020 年 6 月 1 日。

污染产业。

其次，除了环境污染防治相关的法规以外，绿色法律法规体系还包括可再生能源法规、企业绿色生产法规、绿色消费法规、金融机构绿色金融法规等。目前，能源法规已较为完善，而未来清洁能源行业的发展必将成为"碳中和"目标下的中国能源改革转型的重点方向，其所对应的可再生能源法规也需要逐年进行升级和完善。同时，绿色生产和消费相关的法规政策体系的建立正在紧密推进中[1]，逐步加强绿色供给与消费端的激励与约束。

最后，针对近年来国内绿色金融的飞速发展，相应的绿色金融法律法规体系亟须推进，并确保绿色金融监管跟得上绿色金融创新发展的步伐，减少系统性风险。2020 年 11 月 9 日，《深圳经济特区绿色金融条例》作为全国首部绿色金融领域的法规，经深圳市人大常委会会议表决通过，并于 2021 年 3 月 1 日起实施。[2] 该法规的通过与颁布极大地推动了中国绿色金融法律体系的建设工作，具有标志性意义。

在绿色复苏的背景之下，环境、能源、金融等行业的法律规范不再各自为政，而是有望不断完善和强化其中的绿色属性，加强跨

---

[1] 国家发展改革委、司法部：《关于加快建立绿色生产和消费法规政策体系的意见》，中央全面深化改革委员会审议通过，2020 年 3 月 11 日。

[2] 卓泳：《全国首部绿色金融法规出台，明年 3 月 1 日起正式实施》，载《证券时报》，2020 年 11 月 5 日。

地区与跨部门的协作，并融合到同一个法规与监管体系之中，作为疫情后国民经济复苏与绿色发展的首要指导意见。

第二，在行业层面，推动各行业进行绿色改革，打造系统综合的绿色产业体系。

纵观历史长河，产业改革与转型是在国民经济发展的各个阶段中都必须经历的过程，其最终目标是解放和发展社会生产力。在后疫情时代，经济绿色复苏、"2030 碳达峰"以及"2060 碳中和"的综合目标为产业改革增添了向高质量绿色发展的转型属性，也对国民经济重要支柱产业的绿色改革提出了新的要求。

首先，能源行业的绿色改革与向可再生能源转型是实现绿色复苏与"碳中和"目标的首要切入点。作为绿色清洁能源的核电、水电、风电和太阳能都是替代火电的主要方式。目前，我国风电、光伏装机量均为世界第一，但在电力结构中仍只占据较小的比重。根据国家统计局提供的数据，2019 年，全国风电、光伏发电量分别为4057 亿千瓦时、2243 亿千瓦时，分别占据全部发电量的 5.4%（风电）和 3.6%（光伏），风电与光伏在历年发电量与占比上均有大幅增长，将成为我国主力替代电源。为此，中国需对光伏和风电提供专项绿色资金补贴促进产业高质量发展。各级政府也需要统一观念，站在全局的高度看待绿色发展，促进长期重污染的火力发电企业向清洁发电转型，探索绿色可再生替代能源，将绿色可再生能源和生态环境基础设施纳入"新基建"之中。

其次，钢铁业、建筑业等高碳排放的行业也将走入产业改革与绿色转型的全新阶段。在去产能目标整体有限的前提下，钢铁产业进行节能减排还需要向技术升级和绿色技术创新方面转型（例如，氢冶金技术、碳捕集封存技术等），在业务上从单一的钢材冶炼向综合性材料供应服务进行转变，以及在全产业周期中引入统一和先进的碳足迹计算理论方法。建筑业则需要向绿色建筑方向转型，改善居住环境以构建绿色居住空间。2020年，我国累计绿色建筑面积将超过15亿平方米，并继续加强健康建筑、既有建筑节能改造、老旧小区改造、未来社区规划、绿色创新设计、建筑评价检测、优化建造、绿色运营及配套绿色金融等，全面覆盖绿色建筑生命周期全过程。2020年12月30日，住房和城乡建设部办公厅发布《绿色建造试点工作方案》，决定在湖南省、广东省深圳市、江苏省常州市三地开展建造试点工作，全面推进绿色建造工作，促进建筑业转型升级和城乡建设绿色发展。此外，新能源汽车产业的发展将通过构建绿色出行为绿色复苏增添新动力。近年来，激励绿色能源汽车产业发展和消费的配套政策不断出台。2020年6月，工业和信息化部、国家税务总局发布第32批《免征车辆购置税的新能源汽车车型目录》。本批次"目录"包括283款车型，其中含乘用车52款（纯电动乘用车49款，插电式混合动力乘用车3款）。这是自新冠肺炎疫情爆发以来，工业和信息化部、国家税务总局发布了第30批和第31批名单后，再一次扩大补贴范围。不仅是中国，欧洲也在大举投入电动汽车产业链，美国亦抓紧布局新能源汽车生产，可以预见的是，新能源汽车行业将在后疫情时代在全球范围内迎来爆发式的增长。

再次，对于地方调研中反映的重污染行业，应综合考虑战略需要和当地资源禀赋均衡发展。以山西为例，作为中国煤炭供应量占比近25%的重污染地区，山西在碳减排治理上取得了很大的成绩。吕梁地区的企业采用5G进行企业综合管理实时智能升级，降低碳排放40%，通过延展产业链，以及生产煤制油、甲醇、乙二醇和氢气等，实现传统产业的绿色升级。因煤炭属于重污染行业，国家实行配额制，限制当地产量在碳减排目标之下，同时抑制产能过剩的情况。在石油世界价格暴跌的背景下，煤焦化行业大多亏损，且中国是一个富煤少油的国家，因此，我们既要考虑绿色发展，又要考虑战略安全，所以需要国家行业管理机构会同绿色发展相关机构（环保监测）共同制定均衡的绿色发展战略规划，提供相关引导性资金配套，保障产业深入延展各个环节获得相关绿色资金支持。总的来说，我们要保证绿水青山就是金山银山，要保障当地绿色经济的稳定健康发展。

最后，工业体系的数字化升级转型改造将为绿色复苏作出重要推动作用。现有工业体系的数字化升级改造，主要包括提高技术水平、清洁技术改造、清洁能源管理、发展服务型制造等，以降低工业产出的低效率和高碳足迹，并通过采取新一代信息网络技术、人工智能、大数据、云计算、工业设计、柔性生产、工业 4.0 等手段来实现。同时，随着中国进入经济数字化发展阶段，基于数字智能化的新业态、新平台和新商业模式正不断涌现，以灵活用工为代表的新业态就业模式为社会提供大量的绿色就业岗位。政府也需要积极提供强有力的支持政策保障绿色就业，对相关分流职工开展新业态岗位培训，实现企业员工再就业。

由此可见，后疫情时代的绿色复苏过程伴随了产业转型和升级的过程。在未来，不同产业的绿色改革都将为实现国民经济健康稳定发展提供强大动力，促进新旧动能转换，实现绿色复苏。

第三，在企业层面，引导企业进行技术升级，加速中小微企业绿色转型。

面对绿色经济发展与产业转型改革带来的高要求，中国需要政府牵头、社会参与和龙头企业引领来加速中小企业进行技术升级与绿色转型。

首先，对于技术升级，在数字化时代，企业生产技术的升级很大程度上是数字化升级，而数字化升级直接提高了企业的生产效率，减少了对资源环境的影响，显著促进了企业绿色可持续发展。

其次，针对地方调研中所反映的因中小企业数字化转型技术不足而影响绿色复苏进程的问题，国家和地方各层面要加紧培育一批中小企业数字化转型标杆企业和人才，加快建设面向中小企业的解决方案公共服务平台，推动中小企业与龙头企业协作配套，引入专业成熟的数字化服务商参与企业数字化转型。

最后，政府还需提供配套专项扶持资金和引导基金，以及考虑采取 PPP（政府和社会资本合作）模式撬动市场资本参与企业数字化升级，加速中小企业绿色转型，同时通过加大投入以改善地方企业绿色转型成本较高和能力不足的问题。

第四，在保障层面，大力发挥绿色金融对实体经济复苏的重要支持作用。

在后疫情时代，绿色金融对绿色经济发展具有决定性的支持作用，且广泛反映在企业投融资和风险管理等方面。

首先，疫情下全球绿色债券发行量的逆势增长以及欧盟未来 2250 亿欧元的绿债革命，体现了疫情后世界各国对于实现经济绿色复苏之迫切的资金需求。尽管中国在绿债市场发展上处于国际领先地位，但 2019 年 3390.62 亿元人民币的发行量中仅有约 2160 亿元人民币（313 亿美元）符合 CBI 国际标准，这需要中国在未来尽早将绿债标准与国际接轨，同时在融资过程中统一并完善绿色项目和绿色产业的认定标准。在绿色发展进程中，最难的点是如何对企业进行绿色认定。由于产业众多且缺乏统一的绿色认定标准，企业在获得绿色政策支持上存在一定的阻碍。目前国际上采取行业细分的方法分别制定相关标准，认定流程较为复杂。中国应尽快建立灵活精准的量化标准，在实践中不断修正，最终成为绿色标准，为绿债发行和绿色融资提供支持和指导，并规范绿色产业的发展模式和方向，使绿色复苏走上科学道路。

其次，疫情对世界经济和产业发展造成的无法估计的损失，令各国企业开始重视气候环境风险防范工作的重要性。根据地方调研的结果，地区性的污染企业需要加强环境责任保险的投保意识与投保积极性，提高其环境风险保障能力。而在此基础之上，疫情后的绿色复苏也将会极大地推动绿色保险市场的发展，不仅包括企业环境责任保险，也包含一系列防灾基金和防损基金等。同时，绿色保险市场还为绿色复苏提供了投融资功能，绿色保费与防灾基金投入绿色产业中还将进一步扩大绿色复苏的产业规模。另一方面，绿色金融衍生品市场也将为气候风险防范作出重要贡献。已完成工商注册登记，正式落户南沙新区的广州期货交易所有望推出碳排放权期货、天气期货、航运指数期货等绿色衍生品，为绿色复苏防范金融风险。

最后，中国已经成为全球最大的绿色金融市场之一，需要整合建立一个统一完善的绿色金融平台。绿色信贷和绿色债券的余额已达十几万亿元人民币，在标准制定、激励机制、产品创新、地方试点和国际合作等方面均有显著的阶段性成果。2020 年 7 月，首个国家级绿色投资基金由财政部、生态环境部、上海市人民政府三方发起成立，注册资本 885 亿元。旨在采取市场化方式，发挥财政资金的带动作用，引导社会资本支持环境保护和污染防治、生态修复和国土空间绿化、能源资源节约利用、绿色交通和清洁能源等领域。

绿色金融业应加大对绿色技术的投资力度，降低绿色技术企业的融资成本，协同相关部门制定绿色技术认证评估标准，完善绿色技术环境效益评估体系和科技成果转化机制，对绿色技术提供财税、投融资等激励机制，发挥对绿色复苏的支持作用。

五、后疫情时代中国经济绿色复苏的政策建议

地区调研案例所反映出的问题在世界范围内具有普遍性，例如，国内污染企业向西北部欠发达地区转移，在全球视角下则是发达国家将污染向发展中国家转移。在经济全球化的背景下，世界各国产业分工越来越细，绿色复苏要求各国合作构建全球绿色产业链价值链。同时，疫情也令各国充分意识到全人类是一个命运共同体，应当将应对全球气候环境变化与追求本国利益放在同等重要的位置。

中国提出 2030 年实现"碳达峰"和 2060 年实现"碳中和"的"双碳"目标，显示了应对全球气候变化的大国担当，是从参与到引领的重要转变。中国需要从世界各国的绿色复苏政策中进行学习和借鉴，也应当积极参与制定全球标准，将自身的绿色发展经验进行推广，实现国际接轨。具体而言，例如，在"一带一路"倡议背景下，中国可以将成熟的绿色能源技术、环境治理技术和数字科技输出到"一带一路"沿线国家，开展长期绿色经济和数字经济领域

合作。^①同时，加大在相关国家建设绿色基础设施和增加相关投资，带动当地经济复苏及扩大就业。这不仅可以促进中国经济外循环，更可以加强中国与这些国家的长期稳定战略合作关系，在全球绿色产业链、供应链和价值链重构中占据领导地位。[2]

绿色转型与"碳中和"并不是要颠覆和抛弃传统产业，也不与经济复苏互斥。绿色复苏将对传统产业带来一场脱胎换骨的全面升级，抓住新一轮产业革命的机遇，走出一条开放、协调、包容、高效的可持续发展之路。总而言之，在疫情后的经济恢复过程之中，实现绿色复苏不仅是产业转型升级改造的核心，更是中国实现长期可持续发展的关键。加速实现绿色复苏是完成中国社会主义现代化建设的必由之路，也是实现中华民族伟大复兴的关键。

---

① 王文、刘玉书、梁雨谷：《数字"一带一路"：进展、挑战与实践方案》，载《社会科学战线》，2019（6）。

② 王文、杨凡欣：《"一带一路"与中国对外投资的绿色化进程》，载《中国人民大学学报》，2019（4）。

15 Chapter 15

防范运动式"减碳"：
来自欧美的经验教训

2021 年作为我国"碳中和元年"，各地"减碳"工作已全面展开，但也有一些省市出现了缺乏统筹、规划不足的运动式"减碳"现象，进而对民生、社会与经济等多方面产生消极影响。对此，中共中央政治局会议明确提出，要纠正运动式"减碳"。结合当前我国的减排进程与一些国家和地区的运动式"减碳"案例，本章提出渐进式"减碳"的发展思路与相关建议，为我国实现 2030 年碳达峰、2060 年碳中和目标增砖添瓦。

一、运动式"减碳"为何出现

2014 年，国务院办公厅、国家发改委分别下发了《2014—2015

年节能减排低碳发展行动方案》与《单位国内生产总值二氧化碳排放降低目标责任考核评估办法》。自此，降低地区碳排放量的工作任务，便被纳入干部政绩考核体系。在2015—2020年，碳减排目标责任在干部政绩考核体系中的地位并不高，也没有引起一些地方干部的充分重视，加之全面建成小康社会决胜阶段里对各级干部的经济发展考核，减碳工作往往被排在相对次要的位置。[①]

2021年，随着2030年碳达峰、2060年碳中和的"双碳"目标提出与全面推进，尤其是4月30日中共中央政治局明确要求各级政府尽快拿出碳达峰、碳中和的路线图、时间表、施工图，各地都逐渐将减排工作放在了空前重要的位置。但全国的碳达峰行动方案尚未公布，各级政府领导对"双碳"目标认识不够透彻，且缺乏抓手，在一些地方出现盲目执行减排工作，进而导致减排工作过快、脱离实际的情况。最为普遍的现象就是以"一刀切"的形式对燃煤发电厂、炼钢厂等"两高"项目或企业进行关停，从而导致在岗员工失业、相关产能短缺以及一系列的经济社会系统性问题。[②]

① 王文、贾晋京、胡倩榕、许林、郭方舟、刘思悦、赵越、孙超：《未来五年，中国改革的增量在哪里？——"十四五"与"十三五"规划纲要的深度比较》，载《中国发展观察》，2021（Z2）。

② 王文、崔震海、刘锦涛：《后疫情时代中国经济绿色复苏的契机、困境与出路》，载《学术探索》，2021（3）。

2021 年 7 月 30 日，中共中央政治局会议指出，要统筹有序做好碳达峰、碳中和工作，尽快出台 2030 年前碳达峰行动方案，坚持全国一盘棋，纠正运动式"减碳"，先立后破，坚决遏制"两高"项目盲目发展。做好电力迎峰度夏保障工作。这两句话篇幅不长，意义却极为深远，不仅代表着中央决策层首次提出了"运动式'减碳'"概念，更为我国短期能源转型、绿色发展、金融改革等与"双碳"目标相呼应的各项工作发展敲响了警钟。

运动式"减碳"被定义为缺乏统筹规划且对民生、经济、能源等方面造成负面影响的减排行为。2021 年 8 月 17 日，国家发改委新闻发言人孟玮在例行新闻发布会中阐述了运动式"减碳"的三种表现形式：一是地方减排目标设定过高并脱离实际，当前在我国多地出现了以"一刀切"的形式关停高耗能、高排放项目，并在金融层面对相关企业采取断贷、抽贷的行为。

二是遏制"两高"行动乏力，有不少地市的减排执行力度明显弱于减排宣传力度，甚至出现了能耗强度不降反升的情况。

三是节能减排基础不牢，有不少企业在没有厘清自身能源消费结构的情况下盲目跟从碳中和概念，抱以寻求单一技术解决永久问题的心理去追求减排热点。[①]

---

① 《国家发改委：压减拟上马"两高"项目 350 多个 纠正运动式"减碳"》，人民网，2021 年 8 月 17 日。

可以想象，对于企业而言，传统能源项目较新能源项目来说具有投资周期短、利润高的特点，但在"双碳"目标的背景下，将有可能面临断贷、抽贷风险，所以多地在当下的窗口期中"抢上""两高"项目，这不但拉升了碳达峰峰值，还为我国后期的减排工作增添了难度。

这里尤其要提出，作为我国碳排放量最高的行业，电力在此次中共中央政治局会议中被重点提及。2020年冬季、2021年夏季，限电、停电事件在我国多地时有发生。电力作为我国民生保障的基础在冬夏用电高峰时期需要对其产能供应与使用价格进行重点关注。

对此，中央决策层提出的"先立后破"变得更为重要，即当民生福祉、经济发展、能源结构得到正常保障的情况下推进绿色低碳项目，用可再生能源的供给与消费在能源结构中逐步取代传统化石能源。本章就是针对以上现象，结合中央政策要求，对欧美国家尤其是美国、荷兰的运动式"减碳"教训进行深度分析，并对我国地方上出现的一些个案进行回顾剖析，最后提出务实建议。

二、欧美运动式"减碳"的经验教训

当下，绿色发展已成为全球趋势，各国紧锣密鼓地展开行动。

从美国与欧洲近年来的运动式"减碳"政策看,争议很大。

(一)美国为优化短期减排数据付出惨痛代价

2021 年年初,迫于全球碳减排压力,美国新任总统拜登一上台便宣布美国重返《巴黎协定》,随即提出"绿色新政",紧接着又宣布要在 4 月 22 日地球日这一天召开全球领导人气候峰会。相较于前任总统特朗普而言,拜登对全球气候问题的态度更为积极。虽然近些年美国本土的可再生能源使用比例在逐步增加,但对于实现美国所承诺的 2050 年碳中和目标而言依然压力重重。

为尽早实现碳中和目标,进一步削弱对化石能源的依赖程度,拜登政府在第一时间中止了美国与加拿大联合开发的 Keystone XL 项目,即取消美国与加拿大间的输油管路输送许可。这对美国政府造成了数十亿美元的潜在损失,并且也引起了加拿大政府的不满。不得不说,这一行为相当激进,而且也初步暴露恶果。

以 2021 年年初春美国得克萨斯州遭遇极端寒流气候造成的大面积停电为例,此次事件所暴露出的主要问题是美国社会对化石能源仍然存在较高依赖性,且短时间内难以改变。

依靠着大量的资金与技术投入,得克萨斯州风力发电近几年飞速发展,在州内的供电结构中占比约 23%,且五年间提高了 8%。但在极端寒冷天气下，风力发电的相关基础设施难以正常运行。[①] 在技术发展层面，火力发电因其稳定的可持续性输出造就了绝对优势，并且这种优势在短时间内难以被打破。如今，绝大多数的可再生能源因技术限制在发电稳定程度上存在较多问题，影响其产出的因素众多，例如，天气与储能设备的成本等。相较于火力发电的稳定性来讲，可再生能源更多起到的是一种辅助性的发电功能。

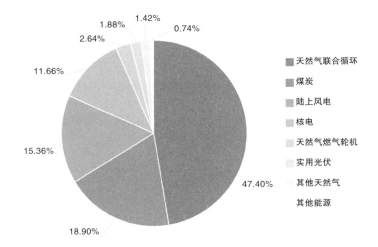

图 15-1　截至 2020 年 12 月，得克萨斯州电力装机规模结构

资料来源：Vibrant Clean Energy

　　① 范旭强、吴谋远、陈嘉茹、张鹏程、孟兰彤：《美国得州停电事件对我国能源安全的启示》，载《国际石油经济》，2021（3）。

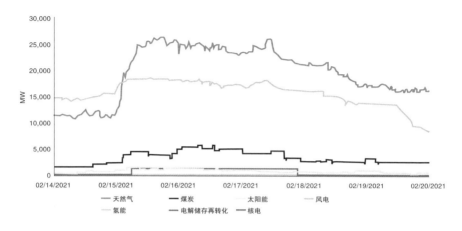

图 15-2　不同能源因突发事件所造成的中断容量

资料来源：Vibrant Clean Energy

　　图 15-1 与图 15-2 分别表现了得克萨斯州电力装机规模结构与不同能源因此次事件所造成的中断容量。截至 2020 年 12 月，得克萨斯州电力装机总规模达到 119435MW，其中占比最高的两项是天然气联合循环与风电，分别占总规模的 35.85% 与 23.22%。但同时这两项能源因不稳定的产能输出特性在面临本次极端天气时受到的负面影响也最为明显。

　　从图 15-2 可以看出，天然气联合循环与风电的中断容量下降幅度最大，而太阳能与其他能源因装机量偏低，所以在本次突发事件中受到的冲击并不大。反观煤炭发电，在极端寒流气候下既可提供一定的产能，又表现得相对稳定。所以，煤炭当前仍是居民生活保障的刚需。

目前，美国社会对拜登激进的"绿色新政"批评不断：第一，短期扼制化石能源发展将造成用电成本的增加。当前化石能源发电成本普遍低于可再生能源发电成本，加之化石能源的供应量下降会导致价格上升，最终拉高总体用电成本。

第二，美国资本市场的稳定将会受到冲击。资本市场中的 ESG 信息披露机制是有效反映上市公司绿色参与程度的手段之一，随着全球绿色金融理念的不断深入，美国 ESG 相关的投资资金比重也在不断加大。但资本市场与实体经济间存在相辅相成的关系，实践表明，过快的 ESG 资产规模增长如果得不到实体经济的支撑，往往会暴露系统性金融风险。

第三，政府的公信力将会丧失。在此次事件中，已造成至少数十人死亡以及百亿美元的损失，当地居民的生命与财产安全受到严重威胁，使得居民对当地政府的一系列做法产生质疑。考虑到实现碳中和目标是一项长期行为，在未来，居民在配合政府实施各项减排政策时的积极性将难以调动。

第四，失业率将会上升。化石能源项目的关停将会导致原先服务于项目的员工失业，在美国后疫情时代背景下，经济本就脆弱，运动式"减碳"无疑为美国的经济发展再添负面影响。

美国著名经济学家杰里米·里夫金表示："一个国家的活力取决于人民是否愿意牺牲部分收入和财富以确保公共基础设施和服务的

安全，从而提高人民的生产力、健康水平和福利。"[1]但就得克萨斯州本次的停电事件来看，拜登政府在彼时忽视了基础设施对当地居民的重要性。

得克萨斯州当地电网企业为追求利润，执行运动式"减碳"方案，并且不愿为预防突发事件支出额外成本的行为，造成了美国人民的生命与财产受损。这恰恰也违背了杰里米·里夫金的理论。如果以牺牲居民日常生活保障为代价去"粉饰"减排数据或赚取超额收益，那么在突发情况下，政府与企业将会付出更高的成本去应对。

（二）荷兰对境内燃煤发电厂强行关闭使相关投资方损失惨重

欧盟的承诺是，要在2030年完成自1990年的碳排放基础上减排至少55%的目标。为实现这一目标，欧盟各成员国不断在绿色发展上提速，但过于激进的绿色发展速度所带来的运动式"减碳"是一些欧盟成员国需要纠正的。

追溯历史，早在1994年，除去意大利，欧盟所有成员国共同签署了《能源宪章》，为欧盟成员国间的传统能源贸易、项目建设、技

---

[1] ［美］杰里米·里夫金（Jeremy Rifkin）:《零碳社会》，赛迪研究院专家组译，17页，北京，中信出版社，2020。

术交流等合作提供便利。也正是因为《能源宪章》的贡献，缺乏能源发展亮点的荷兰在短时间内结合了欧盟各成员国优势，将能源系统迅速建立与完善。但在现如今绿色发展的大背景下，彼时《能源宪章》的存在形式显得有些违背当下潮流。

用"谈煤色变"一词来形容当今荷兰的绿色发展可以说并不为过。2018 年，荷兰政府为响应《巴黎协定》的减排号召，提出了将要在2030 年前逐步淘汰燃煤发电。为尽快完成此目标，荷兰政府也在这一年开始强制关停大量煤电项目，这种做法引起各利益相关方的强烈不满，而这也在新能源技术与相关配套设施成本较高的情况下，给当地的居民造成了用电不便。

2020 年年初，荷兰政府要求鹿特丹周边的 Maasvlakte 3 煤电厂必须在 2030 年前关闭。Maasvlakte 3 由德国能源公司 Uniper 进行投资与运营，预计服役寿命 40 年，在 2016 年正式启动，然而荷兰政府强制要求它在 2030 年关闭也就意味着这座煤电厂的实际运行年限仅有 15 年，这对 Uniper 的投资回报来说无疑是一个利空消息。因此，Uniper 根据《能源宪章》的条令对荷兰政府提起诉讼，并且索要 10 亿欧元的赔偿。但事与愿违，荷兰政府驳回了 Uniper 的请求，并表态关闭前的十年过渡期已经是很好的补偿。与之类似的事件层出不穷：近期德国最大的电力供应商莱茵集团同样以违反《能源宪章》为由起诉了荷兰政府，因为荷兰政府同样强制要求荷兰境内于 2015 年完工的莱茵集团发电厂在 2030 年前关闭。

此类事件暴露出欧盟成员国间在合作政策与投资条款上存在漏洞。一方面，虽然欧盟的减排目标提出得较早，且碳交易市场相对完善，但是目前欧盟缺乏关于减排的统一退出政策或法规。以运动式"减碳"的方式去关闭煤炭发电厂会在短期内让发电厂与投资商的利益受到损害。另一方面，为保障能源投资商在他国的投资利益，投资商应对他国的法律体系进行深度了解，并且东道国政府也应为海外投资商提供合理的保护条款，以防政党轮替与能源发展思路发生改变后所带来的资本威胁。[①]

在全球碳中和背景下，各大产业正在进行快速转型，而政策与法规也应跟上产业转型的脚步，欧盟应以《能源宪章》为基础，产业转型与绿色发展为根本理念，重新建立一套适合欧盟当下发展的宪章条例，在保护投资者利益与居民基本需求的情况下以渐进式"减碳"为发展思路，逐步建立绿色产业。

美国与欧盟所暴露出的问题不单存在于技术层面，行政部门同样难辞其咎。一个国家或地区纵然在减排数据上出类拔萃，如果不能保障居民的基本需求，那么优异的减排数据也将变为空中楼阁。所以，政府决策部门将在碳减排的改革中扮演重要角色，正确的减排方针才能对国家减排规划起到积极作用。

---

① 刘志一：《〈能源宪章条约〉下可再生能源投资仲裁案及启示——以西班牙投资仲裁案为主线的考察》，载《国际商务研究》，2020（1）。

三、运动式"减碳"已在我国初露苗头

2020 年年底,湖南省以 3093 万千瓦的用电负荷创造了省内有数据统计以来最高的冬季用电纪录,电力的供应与需求之间存在较大缺口,导致省内各市频发限电停电等指令,居民的日常生活难以为继。虽然造成地区大规模停电是多方面因素共鸣所产生,但运动式"减碳"策略与过分追求可再生能源是本次停电事件中所不能忽视的一大因素。

在限电停电事件发生之前,湖南省就已存在电力供应隐患。从宏观层面上看,湖南省的平均单位 GDP 电耗水平过低。尽管这意味着湖南省所产生的每单位 GDP 要消耗的电力较其他省市而言更少,但这从侧面反映出湖南省在发展经济时运用的火力发电不足的情况。数据显示,湖南省 2019 年的单位 GDP 电耗为每元 0.047 千瓦时,而我国的平均单位 GDP 电耗水平为每元 0.073 千瓦时,湖南省的平均单位 GDP 电耗水平明显低于我国的平均水平。湖南省急于提速经济发展而忽略火力发电供给重要性的运动式"减碳"思路,使其在面临高用电负荷时缺乏准备。

从微观层面上看,2019 年湖南省的发电装机总量为 4734 万千瓦,其中火力发电占比 45.2%,而这一数据远低于国家平均水平的 60%。并且湖南省在 2019 年关停数十处煤矿,减产百万吨煤炭产能。在数据上,这样的成绩在我国实现碳中和目标进程中显得较为

优秀，但通过省内的发电结构与实际情况分析得知，过低的火力发电装机量在极端气候下无法保障全省电力系统的安全与居民的基本用电需求。当湖南省的煤炭产能急剧下降时，极端天气下的火力发电产能将很难得到平稳地供应。[①]

　　尽管湖南省在资源禀赋上具有可再生能源发电的优势，但脱离实际的能源优势在面对极端气候时将变成产能劣势。湖南省内因具有丰富的水资源为水力发电提供了很好的基础，水电的现有资源开发程度已超过95%。并且省内的水电装机量也已经超过37%，相较于我国的平均水平有绝对优势。但冬天的气候相对特殊：干燥的空气与较低的气温使得多数水源充足的地区出现了水流干涸与结冰的情况，这一情况也造成了部分水电机在没有安装气候调节装置的情况下无法正常运行。数据显示，因冬季的气候问题，超过37%的水电装机量只能为湖南省贡献28%的发电量。[②]

　　① 何姣、王双、宋雯静、武会茹：《湖南省限电的成因及化解对策》，载《中国电力企业管理》，2021（1）。

　　② 何姣、王双、宋雯静、武会茹：《湖南省限电的成因及化解对策》，载《中国电力企业管理》，2021（1）。

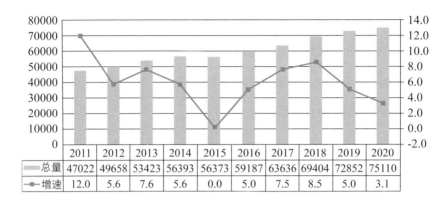

图 15-3　2011—2020 年我国全社会用电量及增速情况

总量单位：万千瓦　　　增速单位：%

资料来源：《我国电力发展与改革形势分析》（2021）

　　美国得克萨斯州的停电案例与我国湖南省的限电、停电案例之间存在很多相似之处。现如今，即便可再生能源在当地的发电比例中占据主导地位，火力发电这一传统模式仍不可被"一刀切"式地摒弃。从全国一盘棋的角度来看，火力发电在电力结构中充分起到了压舱石的作用。《我国电力发展与改革形势分析》（2021）中的数据（图 15-3）显示，2011 年至今，随着我国经济的不断发展，全社会用电量也呈震荡上升趋势。电力作为我国经济发展的"生命线"在生产生活中扮演着非常重要的角色，其稳定的输出更是对经济增速的保障。

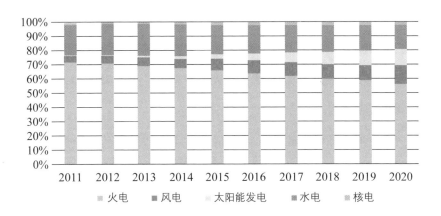

图 15-4　2011—2020 年我国电力装机结构

资料来源：《我国电力发展与改革形式分析》（2021）

表 15-1　2011—2020 年我国电力装机结构

单位：万千瓦

	2011	2012	2013	2014	2015	2016	2017	2018	2019	2020
水电	23298	24947	28044	30486	31953	33207	34411	35259	35804	37016
火电	76834	81968	87009	93232	100050	106094	111009	114408	118957	124517
核电	1257	1257	1466	2008	2717	3364	3582	4466	4874	4989
风电	4623	6142	7652	9657	13075	14747	16400	18427	20915	28153
太阳能发电	212	341	1589	2486	4318	7631	13042	17433	20418	25343

资料来源：《我国电力发展与改革形势分析》（2021）

　　根据图 15-4 与表 15-1 所呈现的趋势与数据可发现，火力发电在我国电力装机结构中的占比正逐年下降，这不仅说明我国各级政府推广绿色可再生能源消费的力度在不断加大，还表明可再生能源的使用成本也在逐年下降。但同时，当下火力发电的成本还是普遍低于新能源发电的成本。尽管未来全国碳交易市场与各种金融工具的启动会增加火力发电成本，但从短期来看，火力发电仍是最主要的电力供应方式。

虽然我国可再生能源发电的相关产业发展迅猛，但因自然禀赋等原因我国长期处于"多煤少油缺气"的资源状态，以煤炭发电为主导的发电结构在短期内难以改变。[①] 运动式"减碳"策略会在我国的绿色发展道路上埋下较大的隐患。

美国得克萨斯州与我国湖南省的案例表明，要充分发展可再生能源发电将要面临两大壁垒。第一，成本壁垒。在极端气候情况下，风电与光伏设备的发电效率会大打折扣。为确保产能的正常输出，无论是给发电设备增加气候调节系统还是着力发展储能技术都将增加成本支出，而这也将进一步拉升本就不低的可再生能源发电成本。

第二，技术壁垒。可再生能源及其相关设备的技术应用当前还没有足够成熟。例如，新能源的输出端与消费端往往距离较远，需要特高压输电线路进行连接，这期间就增加了潮流阻塞风险，最终导致用电负荷受到影响。另外，当前我国多地的可再生能源发电在并网过程中也存在技术性问题，即可再生能源发电很难像传统的煤

---

① 周玉立、袁宏永：《中国煤炭发电与光伏发电技术的经济性评估》，载《技术经济与管理研究》，2020（12）。

电一样在电网中正常地输入与输出。

所以，我国的短期与中期供电应运用煤炭发电与新能源发电相结合的模式，并且在考虑当地实际用电情况与自然气候条件的基础上，实行渐进式"减碳"策略，将电力结构中的煤炭发电比重逐步向新能源发电倾斜。

四、防范运动式"减碳"，需发挥政策与市场作用

《京都议定书》与《巴黎协定》的制定初衷本为团结世界各国的力量，为抑制全球气候变暖作出贡献，但随着近几年个别国家推出运动式"减碳"政策后，碳减排也在某种程度上演化为了一场国家间的恶性竞争。[①] 很明显，运动式"减碳"已经为各国民众带来了极为恶劣的影响，如果不加以纠正，那么"运动式'减碳'竞争"将为全人类的命运带来更大的灾难。

总的来说，各个国家的发展情况不同，减排路径也会有所差别，尽管绿色化是各国的投资趋势，但整体减排思路仍不可过分激进。[②] 虽然不丹等国家已实现碳中和目标，但每个国家与城市仍需遵

---

① 王文、贾晋京、崔震海：《重启中美绿色金融合作》，载《中国银行保险报》，2021 年 3 月 21 日。

② 王文、杨凡欣：《"一带一路"与中国对外投资的绿色化进程》，载《中国人民大学学报》，2019（4）。

循自身情况制定减排路径，大部分地区不可完全"弃碳"以寻求碳减排数据的短期优化。碳减排的路径制定应以居民的日常需求为基础，在保障用电安全的情况下维稳推进碳减排的相关工作。为此，本章以当下我国的基本国情为基础，围绕着科学实现"双碳"目标的绿色发展观，在统筹规划、税种调节、工作机制、企业改革四个方面提出建议。

（一）从统筹规划上看，坚持全国一盘棋，在顶层规划下科学实现"双碳"目标

运动式"减碳"的本质在于缺乏统筹，其原因在于当前国家发改委还未将碳达峰、碳中和的"1+N"政策体系进行最终完善，在此前提下已有部分省市对于"双碳"工作进行"抢跑"，最终严重影响了减排效率并产生了一系列的经济与社会性问题。此前，生态环境部部长黄润秋表示，对于有条件、有专业知识并且对地区减排路径明确的地方可率先实现碳达峰。[①] 但对于缺乏减排系统体系的省市可在全国碳达峰路线图与"1+N"政策完善后再制定符合地方发展特色的碳达峰、碳中和行动方案。

"双碳"目标的提出，是一场广泛而深刻的中国经济社会系统性变革，这也就意味着减排不仅关乎着我国的绿色发展，更是一场经

---

① 《黄润秋：支持有条件的地方和重点行业、企业率先实现碳达峰》，新华社，2021 年 3 月 22 日。

济发展方式的改革。为警惕运动式"减碳",各地政府在"减碳"的同时要注意三方面因素。

第一,严防能源改革带来的失业率升高风险。随着新能源在能源消费结构中的占比不断升高,相关行业的人才需求也在持续扩大,但与此同时传统化石能源的产能需求萎缩将会为行业带来失业危机。各地政府可联合新能源企业组织再就业培训,将原先服务于传统化石能源企业的员工转到新能源相关的岗位,这既解决了经济发展改革所产生的结构性失业与技术性失业,又弥补了新能源行业所需的人才缺口。

第二,谨防储能技术的落后所带来的新能源产能过剩。当前我国新能源产业发展突飞猛进,水电、风电、光伏以及生物质发电装机量连续多年稳居全球首位[①],在各项清洁能源大力发展的同时也要关注产能的存储问题。不同于传统燃煤发电,各项新能源发电对于天气情况有一定的要求,并不能在有差别的天气情况下提供相同的产能,而储能便可将天气情况良好时所产生的产能进行储存,面临突发事件或恶劣天气的时候释放产能。储能的主要作用是平衡新能源的保障性与清洁性,所以各地将新能源发电作为实现"双碳"目标的重要抓手时,储能的重要性不可被忽略。如果新能源发电缺少

① 《国家能源局:我国可再生能源发展开发利用规模稳居世界第一》,载《中国青年报》,2021年3月30日。

了储能的配合，那么再多的新能源装机量与产能也难以被消纳，最终只会变成拖累经济发展的过剩资源。

第三，提防运动式"减碳"所带来的过程要素疏漏。为过分追求减排结果，运动式"减碳"往往忽视了减排过程，在没有摸清当地"碳家底"以及没有查明未来"碳余额"的前提下，盲目开展减排工作，以至于造成了减排基础不牢。减排过程中的责任核算、数据监测、动态调控等管理手段是打牢减排基础的重要逻辑要素。要素的处理不仅需要相关部门的专业协作，还要依靠数字化科技实行辅助，碳源、碳汇等基础指标很难通过人为计算得出准确数据，大数据技术将为各地政府提供准确的数据与有效的可持续发展前景分析。人为要素与数字化要素相结合已成为当今的科学"减碳"趋势，此前中国人民大学重阳金融研究院与北京东方国信科技股份有限公司联合开发的"碳达峰、碳中和智慧监测管理平台"（以下简称"平台"）便可为各地政府提供准确的相关数据，另外，"平台"可根据不同省市的特点制定差异化的检测与管理业务，从而在实现"双碳"目标的道路上助力各地纠正运动式"减碳"，科学实现减排任务。①

---

① 《中国"碳中和"智慧城市检测管理平台首次发布》，央广网，2021 年 7月 11 日。

（二）从税种调节上看，建议我国启动多行业碳税征收机制，并将其列为独立税种

根据上述案例分析得出结论，运动式"减碳"背后的动机之一是将火力发电的市场份额削弱，以提高可再生能源发电的竞争力。在遵循这一逻辑的基础上，碳税是一种既合理又能实现这一目标的政策工具。

煤炭价格与税收是火力发电企业所要面临的两大成本，成本的增加将不利于火力发电行业的发展，在面对可再生能源发电时，其竞争力将被削弱。煤炭价格会受诸多不确定性因素影响，例如，市场需求与政策等，未来价格走势难以预测。但碳税的征收相对稳定，对于煤炭发电企业的成本影响也更为直接。

国际上不乏以碳税为抓手成功降低碳排放的范例。挪威是全球最早征收碳税的国家之一，其碳税征收机制覆盖了多个行业，例如，煤炭、石油、天然气等。除了碳排放量得到控制外，碳税的征收机制也形成了正面的经济外部效应。挪威政府将征收碳税后的部分收益补贴给优秀的减排企业，这样一来，企业的减排积极性便被充分调动。[①] 考虑到碳税多项正面作用与我国目前的情况，我国也应当启动多行业的碳税征收机制。

---

① 徐缘：《气候变化背景下我国碳税立法模式问题探究》，载《河北环境工程学院学报》，2021（2）。

现如今，碳达峰、碳中和已成为我国未来需要努力达成的目标与发展趋势，我国的实体与金融两领域也在共同发力，尤其是金融领域；央行正在逐步完善绿色信用贷款机制，全国碳交易市场也于2021年7月16日正式开启，随后也有望进一步增强金融属性。但根据当前全球减排进度，除去完整的绿色信贷机制与成熟的碳交易市场外，我国也需考虑碳税体制的建设。全球目前已有近30个国家出台了碳税政策，其中有德国、日本、加拿大等发达国家，也有哥伦比亚、智利、南非等发展中国家。

国家发展和改革委员会能源所研究员姜克隽此前表示，早在2002年，我国就曾与挪威在碳税方面展开课题合作。最终两国统计局得出的结论是，征收碳税虽然会使我国的二氧化碳排放量减少，但会在很大程度上对我国当时的经济发展产生负面作用，碳税的征收提议便被搁置。2011年，征收碳税的提议再度被各方面讨论，但因为产业发展问题与配套设施不健全等因素，征收碳税提议再次受到搁浅。

时至今日，我国的经济情况较早年间已有了突飞猛进的进步，2010年，我国的国内生产总值超过日本，正式成为世界第二大经济体，2020年在全球新冠肺炎疫情肆虐的大背景下，我国以国内生产总值正增长2.3%的成绩成为全球为数不多的经济正增长国家。在经济发展得到巩固的同时需要再次提高碳减排意识。虽然诺贝尔经济学家威廉·诺德豪斯（William Nordhaus）在其DICE模型中表明，降低碳排放时所产生的"碳约束"会抑制国家的经济发展，但在我国的经济基础较为雄厚且减排压力大的情况下，碳税机制应该再次被关注。

这其中有三方面原因，第一，在经济层面，碳税机制可以帮助政府发现长期的碳定价，从而在一定程度上起到提高碳交易市场流动性与增强投资者参与程度的作用。[1] 第二，碳税可以帮助政府缓解财政压力，以较小的成本将资金再分配。政府从传统能源产业中征收的碳税可作为政府补贴发放至绿色产业，减少政府的额外支出。第三，碳税机制有利于提高国民碳减排意识。理论表明，企业所承受的部分碳税成本会通过价格传导机制转嫁给消费者，这样一来，消费者的用能成本上升，减排意识也随之增强。[2]

以碳市场发展较为发达的国家作为参考，再加上目前我国的国情，碳税与碳市场交易是当下需要重点考虑的碳减排两大抓手。而这两大抓手的特点也促使着它们要互相依靠。

一方面，碳税的优点在于机制透明，税点存在可预测的依据。这也弥补了碳交易市场中碳价波动性大且难以预测的缺点。

另一方面，碳交易市场与碳排放量间存在直接影响关系，即碳

---

[1] 王文：《金融服务实体经济为何难》，载《中国金融》，2014（12）。

[2] 杨长进、田永、许鲜：《实现碳达峰、碳中和的价税机制进路》，载《价格理论与实践》，2021（1）。

价越高，碳排放量越低。两者间的直接负相关关系在经济学理论中解决了碳税对碳排放量缺乏直接约束的问题。[①]

碳税机制不仅需要被重新讨论，而且如果在未来被实施后还需将碳税设立为独立税种。当前，新冠肺炎疫情常态化已逐渐成为现实且被民众所接受，政府为鼓励企业发展与民众消费采取了减税降费的各项政策，但碳税不宜跟随减税降费的策略，因为过低的税率不但不会抑制"两高"产业的发展，反而在一定程度上会提高产业利润。因为从风险传导机制的角度考虑，较低的碳税率会降低企业的碳排放成本，进一步对我国的碳交易市场与减排的总体规划产生负面效应。所以，碳税应当成为一项独立税种，且根据不同行业的排放程度来制定差异化的税点。

（三）从工作机制上看，推广合同能源管理机制，节省企业与政府的减排成本

前面提到，对传统能源企业进行断贷、抽贷是运动式"减碳"的一种表现形式，为纠正这一行为，建议在减排执行工作上推广合同能源管理机制，最终以科学为基础完成低成本、高效率的减排任务。

根据我国气候变化事务特使解振华及其团队的预测，我国在实

---

① 杨长进、田永、许鲜：《实现碳达峰、碳中和的价税机制进路》，载《价格理论与实践》，2021（1）。

现碳中和目标的过程中将有近 136 万亿元的投资缺口[①]，对于各级政府与各行业企业而言将面临巨大的投资压力，尤其是对传统能源企业来说压力更大。此前传统能源企业因技术成熟与需求稳定等特点使其业务发展平稳，在考虑到未来坏账率较低的情况下，商业银行也往往愿意主动将贷款发放给相关企业。但随着绿色化逐渐成为当前金融发展趋势，以绿色信贷为主的绿色金融投资工具开始向增长前景更明朗的新能源行业倾斜，再加上各地政府较大的减排压力，传统能源企业将面临断贷、抽贷的潜在危机。

合同能源管理机制将在很大程度上化解传统能源企业所面临的断贷、抽贷危机。合同能源管理并非是一种全新的减排方式，早在20 世纪 70 年代便在欧美盛行，其运营逻辑在于用能主体雇佣节能服务公司对主体的生产业务提供节能服务，服务结束后的部分节能收益将作为节能公司的分成收入。一般来说，双方在合同履约期中的所有业务风险将由节能服务公司承担。在服务过程中节能公司将提供技术咨询、改造方案、方案施工等全方位服务。

为什么说合同能源管理将会解决传统能源企业的断贷、抽贷危机呢？究其原因在于合同中的报酬支付模式不必让用能主体支出额外的成本。相较于其他的减排手段来说，合同能源管理机制是在用

---

① 《中国气候变化事务特使解振华：中国实现碳中和目标或需投入 136 万亿》，央广网，2021 年 7 月 24 日。

能主体的运营成本上做减法，并非加法。例如，一家企业的年度贷款额度为 1000 万元，并且这 1000 万元可恰好覆盖企业的生产现金流，在接受能源管理后可实现 700 万元的生产成本，节省下的 300 万元可以一定比例的业务支出作为支付给节能服务公司的报酬。

国家能源局在《节能减排"十二五"规划》中就将合同能源管理列为十大节能减排重点工程之一，但随着新能源、新项目与新科技的快速发展，以存量设备改造为基础的合同能源管理逐渐被忽视，而以燃煤发电厂为代表的高排放存量刚需项目恰恰需要合同能源管理来进行排放优化。长期看来，新能源使用比例的扩大是明显的未来发展趋势，新项目的需求量显而易见。短期而言，部分"两高"项目对于社会的基本保障仍是刚需，对于这些项目来说，以运动式"减碳"的方式来促进减排将造成一系列的经济社会系统性问题，以合同能源管理为减排路径将有望减轻绿色发展在短期所面临的用能成本上升压力。

（四）从企业改革上看，将企业高管薪酬与循序渐进的碳排放工作进行关联

企业是社会中碳排放量最大的主体，企业的减排情况将直接关乎社会乃至国家的减排进程。如何提高企业的减排能动性与怎样使企业科学"降碳"是当今社会所面临的两大减排难题，根据国外专家的建议，将企业碳排放工作情况纳入高管的薪酬结构体系，将会对企业的减排情况起到积极作用。

2021 年 8 月，美国全国企业董事协会高级副主席 Friso Van der Oord 在美国有限电视新闻网络（CNN）发表了一篇名为 *Tying CEO pay to carbon emission works. More companies should try it* 的文章，文章阐述了当前企业高管的薪酬现状与企业对待碳减排的普遍态度。企业高管因股票期权等激励机制使得收入水平远高于企业的平均水准，而高收入的背后是否与企业社会责任相关联至今在很多企业还缺乏明确的制度。事实表明，企业将高管的薪酬与碳减排工作相关联不仅可以在更大程度上发挥高管收入的价值，也可以使企业更好地履行社会责任。

明晟公司（MSCI）在 2021 年上半年的研究表明：上市企业在二级市场中的股价对于企业积极减排的反应虽然较慢，但是积极的。此外，这篇文章也列举了多个因为将高管薪酬与企业碳排放工作关联后得到正面反馈的案例。例如，瓦莱罗能源公司将企业的公司治理工作纳入高管的年度激励奖金，并占其中的 18%。壳牌公司也在 2018 年时就发表过声明：将企业的中长期减排目标与高管薪酬进行关联，使企业在运营中与客户在消费企业商品时尽可能地降低碳排放。随后，两公司的股价在二级市场中也有不同程度的涨幅。

结合碳中和背景与我国当前的企业改革现状，将企业减排工作作为高管薪酬的衡量指标之一是我国应大力推动的一项改革方案。中国上市公司协会作为美国全国企业董事协会在国内的对标机构在业务上具有很多类似之处，协调好上市公司与市场的和谐发展，鼓励上市公司承担相应的社会责任作为协会的部分业务，在优化企业的环境、社会、公司治理的披露信息与高管薪酬结构上将起到积极的推动作用。随着实现"双碳"目标的窗口期不断缩短，协会可联合证监会、中国人民银行与发改委等主管机构对企业高管薪酬结构与减排间的关联工作推出相应的指导意见，进一步拉近高管薪酬与减排工作的关系。

另外，此项举动也响应了国家主席习近平提出的关于扎实促进共同富裕问题。2021年8月17日，国家主席习近平主持召开中央财经委员会第十次会议，会议指出要加强对高收入的规范和调节，依法保护合法收入，合理调节过高收入，鼓励高收入人群和企业更多回报社会。基于此，企业高管作为高收入人群的典型代表有责任以企业减排的形式解决社会所面临的经济发展外部性问题。在高管薪酬与企业减排工作关联后，非理性的企业运动式"减碳"问题将会在很大程度上被纠正，社会的减排进度也将回归正常。

未来，我国将用10年时间实现碳达峰，随后又将用30年时间实现碳中和。在此期间，中国这艘巨型"能源战舰"的船头将从传统能源方向调转至可再生能源方向，转向的难度是显而易见的，各地方政府的碳减排压力之大也可想而知。虽然我国在通向碳中和的道路上会遇到很多困难并且也要承担世界大国的国际舆论压力，但是中国应当保持符合自身发展的碳减排进度，寻求科学的减排方式，纠正运动式"减碳"，并以渐进式"减碳"为基本理念，在确保国民基本生活需求的情况下逐步降低各行各业的碳排放量，真正推动可持续发展与后疫情时代经济的复苏。[①]

五、防范运动式"减碳"，离不开数字化

随着"双碳"目标在全国范围内的推广，各地对碳达峰、碳中和的工作规划已全面展开，但在一些地方出现了碳减排过于粗糙、限制耗能企业过于简单、减排阻碍正常经济运行甚至日常生活等运动式"减碳"的消极现象。2021年7月，中共中央政治局会议明确强调要防范运动式"减碳"，为当下"减碳"的消极现象敲响了警钟。

要防范类似运动式"减碳"，推进数字化碳核算是必不可少的路径。各级政府需要在"双碳"目标下的各项碳测算与评价标准正式确定后，为相关数字监测平台的建立提供基础依据，并从企业汇报、政府监管等角度进一步完善碳排放环境披露的具体政策和法规。

事实上，在2021年7月11日生态文明贵阳国际论坛绿色金融主论坛上，中国人民大学重阳金融研究院发布了全球首个碳达峰、碳中和智慧监测管理平台，在此后首届中国数字碳中和高峰论坛（成

---

① 王文、崔震海、刘锦涛：《后疫情时代中国经济绿色复苏的契机、困境与出路》，载《学术探索》，2021（3）。

都）上再次推介，均引起广泛报道。该平台希望构建专业化、精细化的监管指数，采用科技企业集约建设方案，推动"双碳"治理体系和治理能力现代化转型升级，以期成为社会各界建立"双碳"路径以及各级政府量化检测跟踪"双碳"进度的重要参考依据。

2021年7月底，生态环境部表示碳达峰、碳中和首次纳入中央环保督察，严控两高项目上马以及碳排放数据造假瞒报等问题，不久后又发布了开展碳排放环境影响评价试点的通知，推动研究碳排放量核算方法和环境影响报告编制规范的制定。这些文件都在为数字化减碳路线图提供政策指引，也为"绿色经济＋数字化"的庞大市场正常运行保驾护航。

（一）解决"双碳"目标痛点之方向

在实现"双碳"目标过程中，一些行业受到的影响是比较大的。

已纳入全国碳市场的电力企业，以及后续即将要纳入的石化、建材、钢铁等高污染、高排放、高耗能行业，将是"双碳"目标推进过程中受影响较大的行业，必须降低排放并开展绿色低碳转型以适应"双碳"目标下的绿色经济发展模式。

高耗能、高排放的企业在转型过程中存在四大难点或痛点：一是需不断加大绿色技术和低碳减排的研发投入，这对于企业而言是一笔长期而不间断的巨大投入；二是全国碳市场正式启动后，企业在面临碳排放总量控制的压力下还需面对开展碳交易业务的成本；三是随着"双碳"目标进入实质进展阶段，信贷结构也开始不断调整，高耗能、高排放的企业和项目越来越难获得金融机构的信贷供应与融资支持，也进一步提高了项目运营风险；四是为高污染企业提供专项资金以支持其开展绿色过渡转型的"转型金融"目前仍处于起步探索阶段，还不具备普适性。

这些难点或痛点恰恰折射了绿色经济的潜力。从国际层面上看，各国发展绿色经济符合联合国《巴黎协定》制定的气候目标，有助于减缓全球气候变化，应对气候危机和极端天气，密切关系到人类文明的存续；从发展目标上看，绿色经济具有高效率、高质量、低污染等特征，不以牺牲环境为代价开展工业生产，也不以牺牲经济增长为代价降低排放消耗，符合长期可持续发展的要求。

绿色经济作为新时期各国经济发展的主流方向，将为国际合作带来新机遇，且绿色发展作为全人类的共同命题，其国际合作符合各国共同利益，有望独立于其他国际矛盾与竞争，推动各国的可持续发展。

中国绿色经济的规模至少将达到数百万亿元，而中国要实现碳达峰、碳中和所需要的资金投入规模大概在150万亿—500万亿元，两者目标与投入基本吻合。当前的关键就是将绿色经济的发展与"双碳"目标的实现路径有效结合起来。而在这个进程中，数字化是实现跨越式弥合、增长和飞跃必不可少的路径。

（二）充分认识数字化与绿色化相辅相成

事实上，自碳中和目标提出后，绿色低碳经济与数字经济已开始了有机衔接和深入融合，例如，政府或企业运用大数据开展企业碳排放的数字化检测与管理、电力行业加快能源互联网和智能电网的建设以推进能源绿色高效低碳转型、互联网与人工智能融入绿色技术创新创业、数字金融赋能绿色金融和碳金融的创新等。

数字经济与绿色发展之间存在着相辅相成、共同促进的关系。一方面，数字经济的蓬勃创新为绿色发展赋予了极大的动能，传统产业包括工业、能源、交通等，通过开展数字技术创新以改变低效率、高耗能、高排放的生产方式，已成为实现绿色低碳转型的最有效方式，并有助于加强数字技术设施的互联互通和绿色发展的信息共享，为实现碳中和目标提供硬件和软件基础。

另一方面，绿色发展作为中国未来的社会经济发展方向，将为数字经济的创新方向和发展模式等提供重要指引。例如，相关数字企业可探索如何与工业企业开展绿色数字合作与创新，制定针对性的绿色低碳转型生产方案；云计算、大数据等数字技术可探索如何推动区域碳减排的监测与评估等。

众多数字技术与低碳经济的结合具备深远意义，数字技术不仅提升了相关产业国际竞争力，更有助于在坚持绿色可持续发展目标的基础上同时提高产业经济的发展效率和质量，进一步推进碳中和目标的实现。可见，实现低碳转型有多种重要路径，通过推进数字技术与实体经济的深入融合是看得见、摸得着的有效手段，例如，优化产业结构，发展绿色数字工业、清洁能源互联网等，以及加强数字基础设施建设以推动交通清洁转型和绿色城市的建立。

目前，对于数字技术驱动低碳转型还存在一些需要加强的环节：工业企业仍要加强通过数字技术推动节能低碳的创新研发投入，不断克服技术难点；数字型绿色技术初创企业存在资金上的短板，整体上缺少足够的融资支持，急需建立普惠型的绿色创业融资体系和面向中小微绿色企业的多元化的融资模式；数字企业和工业企业可以探索技术合作以推动企业绿色转型，但目前双方因业务差异缺乏相互了解，且对数字经济和绿色经济未来的前景认识也有所不足，因而需尽快建立高效、协同、互利的业务合作模式。

（三）政府、企业、社会需要良性互动

要利用数字化实现"双碳"目标，推动政府、企业、社会公众之间良性互动变得越来越重要。

首先，政府应起到对企业和公众的政策引导作用，一是加强绿色经济和低碳转型的意识宣传和政策宣讲，尤其是让企业意识到实现碳中和目标的重要性和必要性，向广大人民群众普及绿色发展的基本概念和重要理念；二是通过一定的政府资金引导形成杠杆效

应，撬动更多的社会资本投入企业绿色转型之中，提升企业、社会利用数字化实现"双碳"目标的意识。更重要的是，政府须采取数字化碳核算方式，合理有序地推进"双碳"目标，不必操之过急，更不必粗糙蛮干。

其次，企业应充分认识到国家战略的长期性、坚定性。推动绿色发展和低碳经济虽然会带来减排压力，但也具备重要的发展前景与机遇。在"双碳"目标下，企业应积极响应国家政策号召，充分利用数字技术，以提高生产效率、发展质量、环境责任为目标开展绿色升级转型。

最后，公众应密切关注国家关于低碳发展与碳中和目标的各类重大政策，利用各类低碳 App 等数字技术，逐渐培养绿色低碳生活的意识和理念，自觉开展绿色出行、低碳消费，提高绿色产品和服务的消费需求，从而带动企业开展绿色生产，提高绿色产业的市场活力。

16 Chapter 16

碳中和区域协作下的碳减排与经济发展

2020 年是我国内外部形势发生重要变化的一年，在抵抗住新冠肺炎疫情冲击的同时，碳中和目标亦正式提出。

如果说区域防控机制是防范新冠肺炎疫情再次扩张的关键，那么区域减排机制也将在我国实现"碳中和"目标的道路上扮演着重要的角色。本章详细分析了京津冀、粤港澳大湾区以及东北的区域减排优势及机遇，旨在帮助我国更有效地实现"碳达峰"与"碳中和"目标的同时，挖掘中国各区域的新发展潜力。

一、北京应发挥其首都区位优势，建立京津冀
　　减排长效机制

2021 年，《中共中央、国务院关于完整准确全面贯彻新发展理念做好碳达峰碳中和工作的意见》印发，明确强调，"在京津冀协同发展等区域重大战略实施中强化绿色低碳发展导向和任务要求"。这不仅体现了京津冀地区在我国实现碳达峰、碳中和进程中的重要地位，也表明减碳工作是京津冀地区未来经济发展中不可或缺的重要导向。在此背景下，北京应发挥其首都区位优势，建立京津冀减排长效机制。

"绿色奥运"是 2008 年北京奥运会的举办理念之一，围绕这一理念，北京自 2005 年起不断优化城市产业结构：将城市中原有的重污染、高排放的企业逐步迁出。例如，在社会中引起较高关注度的首钢大搬迁：首钢集团用时五年，将集团产业从北京的首钢园区搬至河北省唐山市的曹妃甸，在环境方面，为北京奥运会带来了诸多国际赞誉。无独有偶，低碳与可持续发展再次成为北京与张家口 2022 年冬奥会的核心理念之一，位于北京石景山的首钢老园区更是承办了滑雪大跳台项目，如今北京的绿色发展影响力也进一步在全球范围内扩展。

随着河北省不断地承接来自北京的重工业企业与项目，河北省的生态环境质量每况愈下。河北省的空气质量常年位于全国末流。

根据生态环境部的数据显示，唐山、石家庄与邯郸这些著名的河北重工业地区更是在近几年的空气质量排名中位于全国的后五位。而"污染转移"不但对河北的生态环境带来了较为严重的负面影响，并且在根本上也没有解决北京空气质量问题。虽然权威数据显示北京早在 2016 年便实现碳达峰，但北京地区的雾霾与沙尘天气近几年仍屡见不鲜。

2014 年，国务院总理李克强在《政府工作报告》中提出京津冀一体化的国家战略。虽然此后在多项发展机制上形成了统一的标准，但因历史与政治等因素，京津冀还未真正实现全方位一体化，在区域内的绿色发展中仍存在较为明显的问题。首先，因北京具有的首都地缘政治优势，多方面资源向北京流入，比如，科技、金融与文化产业等。最终导致了京津冀地区有较高的经济存量差距，再加上因吸引制造业拉动地方经济的需求，河北与天津对环境质量要求比北京要低，不同的环境标准让区域内三地在环境优化方面各自为政。其次，京津冀地区的减排主观能动性不足。背后的原因之一在于国企的减排意愿往往小于民营企业。而京津冀地区的国企数量又较多，根据数据测算，京津冀地区内的国企数量超过 650 家，远超长三角与珠三角地区的国企数量。而相较于民营企业而言，国企对于碳中和的回应相对迟缓。当前已有不少民营企业对碳中和工作做出回应，比如，发布企业碳中和规划、ESG 报告与推行碳中和相关业务等。但当前主动发布相关减排规划的国企仍乏善可陈。总的来说，京津冀地区内的大部分企业的减排行为更多需要依靠政府的行政命令，而不是以主观的减排需求去遵循市场化发展趋势。

在碳中和背景下，区域减排机制将成为推动京津冀实现绿色一体化的重要抓手，不仅要发挥北京的资源优势，更要借此机会将发展劣势转化为转型动因。

第一，发挥高科技产业集群效应，为京津冀地区的绿色研发技术提供有力保障。相较于传统行业而言，可再生能源的多项技术当前仍不成熟，况且河北与天津拥有大量的传统重工业企业与传统制造业企业，在低碳转型发展中需要大量的新技术支持。当前北京的综合科技创新水平位列全国第一，北京对于两地在技术支持层面上的意义不言而喻，北京如能在科技领域发挥其作用，那么京津冀将会在环境治理与绿色科技发展两方面实现协同作用上的突破。

第二，以绿色金融为抓手，解决京津冀地区内的绿色企业与绿色项目的融资困难问题。比尔·盖茨在其专著《气候经济与人类未来》中提到绿色溢价的概念，即使用清洁能源比使用传统化石能源所高出的成本。当前不同行业所面临的绿色溢价不同，比如，光伏发电已经达到负绿色溢价水平，新能源汽车的绿色溢价也已趋近于零。但仍有不少行业的绿色溢价过高，例如，碳封存、碳捕获、碳利用（CCUS）与氢能制造等。所以在未来，决定绿色能源与技术普及的关键在于相关成本能否低于传统化石能源的运用成本。然而，新能源相关产业的技术发展面临着资金投入大且回报周期长的问题。当投资者同时面对传统项目与新能源项目时，新能源项目难免缺乏投资竞争力。绿色金融的结构模式可将新能源项目的投资竞争力进一步提升，将政府要求与企业利润间的关系进一步深化，比如，绿色债券和政府与社会资本合作（PPP模式），所以，绿色金融对于地方新能源项目的融资引导就显得至关重要。尤其对于河北与天津而言，虽然从两地的经济指标中可以看出两地的经济发展水平在全国处于上游，但金融资源相对匮乏。北京应与河北和天津两地分享绿色金融资源，在成就绿色项目的同时也为北京的环境作出实质性的改变。

第三，对于生产排放与项目要求提供统一的认证体系，建立配套机制。不仅是京津冀地区，当前全国范围内对于碳核查体系、绿色项目标准以及产业减排路径仍存在分歧，不同地市与机构间的标准很难得到互认，为后期的协同减排工作增添了不少难度。目前，京津冀地区已在机动车排放标准上达成统一，但仅在此方面达成共识还尚不能对京津冀地区的整体减排行动起到决定性帮助。京津冀三地的碳中和进程差距较大。从京津冀地区的产业排放趋势中可以发现，河北正处于工业化的中期，第二产业的碳排放量仍在不断增加。天津的工业化进程已到末期，第二产业的碳排放量趋于平稳，但尚未有明显的下降趋势。北京第三产业占比较高，虽然第一与第二产业的碳排放已呈明显下降趋势，但第三产业的碳排放量仍在持续飙升。考虑以上因素得出结论，单一产业减排标准的统一无法有效实现区域内整体碳减排的优化，减排体系的统一是未来京津冀三地成功实现绿色投融资流通与碳排放统一管理的核心因素。

为保障京津冀协同发展与生态一体化的建设，减排长效机制不可或缺，而减排长效机制的建立也将会有效地盘活京津冀三地间的经济往来与技术交流。此前中央已明确：碳达峰、碳中和是一场广泛而深刻的经济社会系统性变革。所以，碳中和事业对于各地方的经济发展可谓是新发展契机，虽然河北与天津在短时间内可能无法在经济层面达到北京的高度，但对于两地的经济发展将会有可预见的提升，并在未来有机会对北京的各项发展进行反哺，最终以碳中和工作为杠杆，撬动京津冀地区的全方位一体化发展。

二、粤港澳大湾区将在国内国际双循环背景下实现碳中和

近些年，粤港澳大湾区的经济发展之快有目共睹，2019 年粤港澳大湾区的 GDP 总量接近 11.6 万亿元，占全国 GDP 总量的 11.61%。同时，粤港澳大湾区是继美国纽约湾区、旧金山湾区与日本东京湾区后的第四个世界级湾区。各项具有前瞻性的发展策略为当下众多突出的发展指标带来了充分的支撑，其中便包括碳减排。

2017 年，在习近平主席的见证下，粤港澳三地与国家发展和改革委员会的四方领导共同签署了《深化粤港澳合作 推进大湾区建设框架协议》，"生态优先，绿色发展"作为协议中的合作原则之

一，为粤港澳大湾区的合作模式提供了基础导向。在粤港澳大湾区形成协议性联合发展机制前，三地均取得了较为突出的低碳工作成绩。2012 年，广东省与深圳市的碳排放权交易试点全面开启。香港的碳排放量早在 2014 年达到峰值。清华大学气候变化与可持续发展研究院学术委员会主任何建坤曾明确表示，如果澳门在碳核算中仅纳入生产行为中的直接碳排放量，那么澳门将有可能在 2035 年实现碳中和。

但在全国严峻的减排压力面前，粤港澳大湾区仍不可抱以"轻敌"的心态来对待碳中和事业，湾区内的多项减排问题仍待解决。首先，粤港澳大湾区内的整体能源结构仍需优化。当前，粤港澳大湾区的化石能源消费量在总体结构中已超过 60%，不仅与自身相比需要进行节能减排优化，对标国际目标时更需改进，就能源强度这一指标来看，粤港澳大湾区的能源强度是美国旧金山湾区的 1.4 倍，是日本东京湾区的 2.3 倍。可再生能源的使用比例在未来需要大幅增长。

其次，碳源与碳汇分布存在较大的地区差异。粤港澳大湾区内的主要碳排放源来自珠三角城市群外加香港与澳门，但绝大部分的碳汇资源分布在湾区内的其他区域。如此不平等的资源划分与湾区的城市化进程有着紧密关系：2010—2015 年，湾区内的城市面积扩大了 121.42%，这也直接导致了森林面积急剧缩减，最终使得湾区内的碳汇总量下降超过 5 万吨。所以，湾区内的碳排放量的控制手段要么采取源头控制的技术升级，要么逐步增加碳汇总量。

最后，在能源消费端，粤港澳大湾区的碳核查体系过于局促。前面提到，香港已在 2014 年实现碳达峰。但我们不禁要问，对于香港这样高楼林立且用电需求高的城市为何可以提前实现碳达峰？因为香港的第三产业在 GDP 中的占比非常高，接近 95%，农业与制造业的产品大多来自外购，其中也包括外购电力。香港本地的碳核查体系中并不包括间接排放与延伸责任的相关排放。这也致使在核查数据中显示的碳排放量要低于城市内实际能源消费所产生的碳排放量。这种情况不仅发生在香港，广东与澳门也面临着同样的问题。粤港澳大湾区在经济蓬勃发展的同时也需关注为其带来能源便利的其他地区的减排情况。

结合粤港澳大湾区当前所具备减排方面的优势与弊端进行分析，粤港澳大湾区实现碳中和的主要实施路径应围绕香港、广州与深圳打造大湾区核心减排体系，发挥三座城市的资源优势，加快湾区内其他城市碳达峰、碳中和进度。

第一，发挥广东与深圳的碳交易市场属性，帮助湾区内企业顺利履约的同时降低企业能耗，最终实现区域内碳排放量递减的趋势。2012 年广东与深圳作为全国七个碳排放权交易试点中的两个正式启动，截至 2020 年年底，广东与深圳两试点的累计成交量分列七大交易试点中的第一与第二，碳交易市场的作用显著。现如今全国碳交易试点已顺利结束第一个履约期，第一个履约期中的主体单位有 2000余家电力企业，这对以电子信息为支柱产业的广东省而言无疑是一大利好。此外，虽然全国碳交易市场正平稳运行，但各大交易试点仍将与全国市场并行运行，在此基础上，广东与深圳可作为碳排放联动试点，将香港与澳门的相关企业纳入到地方碳交易试点，在行政与资本流动方面实现粤港澳三地的碳减排互联互通。

第二，发挥香港的内外混合型离岸金融中心属性，为湾区内的各地政府与企业带来更为优质的海外绿色投资与技术融资。香港的高水平金融化开放程度世界瞩目，在我国经济发展历程中的地位举足轻重。在全球碳减排背景下，中国的绿色投资缺口仍有 138 万亿—500 万亿元，这样大的缺口仅仅依靠我国财政资金与民间资本的投资进行填补显然难以完成。对于国际资本而言，我国优秀的绿色相关标的也将成为国际市场中的资产配置刚需。新能源汽车电池生产商宁德时代成为 A 股创业板首只万亿市值股，光伏行业中的龙头隆基股份上市近 9 年的时间里累计涨幅达到 4443.61%。在未来实现碳中和的道路上，我国绿色相关的优质资产将有预见性地成为国际资产配置中的主角，形成投资者与国内绿色发展共赢的局面。

2020 年，习近平总书记强调要"逐步形成以国内大循环为主体、国内国际双循环相互促进的新发展格局"。相较于京津冀以及其他经济体而言，粤港澳大湾区无论是在国内循环中还是在国际循环中都具有绿色发展优势。对内，广东省的大数据与电子信息化优势将为全国的碳减排进程提升效率。对外，作为我国唯一的人民币离岸中心的香港将会为我国的绿色金融发展格局带来实质性的正向推动。

将来，粤港澳大湾区也有望成为全国范围内区域减排中的领头羊。

三、东北振兴的关键在于产业绿色转型

东北地区的经济繁荣初始于工业化，止步于数字化。20 世纪下半叶，东北成熟的重工业体系为我国的经济发展打造了良好基础，但随着国内整体产业的数字化升级，东北工业的转型未能跟上时代步伐，最终陷入"经济发展陷阱"。本书认为，在碳达峰、碳中和背景下，"振兴东北"的关键在于绿色产业转型，以绿色产能带动整体的经济发展，从而实现真正意义上的经济发展可持续化。

全球范围内也不乏值得借鉴的重工业城市转型成功案例。此前被誉为"世界钢铁之都"的美国城市匹兹堡就是值得参考的优秀案例之一。第二次世界大战期间，由于美国对于军工产品的需求量猛增，使得匹兹堡肩负起了美国军工生产的重任，自此之后正式开启匹兹堡工业发展的全盛时代。

重工业高速发展所带来的微粒物污染是匹兹堡意识到产业转型的动因，重度污染的环境造成当地的中、高等收入家庭逐渐搬离匹兹堡，这也直接导致城市经济发展受阻。随后当地政府开启"匹兹堡复兴计划"，即逐步淘汰较为落后的重工业企业，大力发展新型产业，例如，金融、医疗等。自此之后，匹兹堡的环境与经济发展得到双双提升，并在 2009 年主办了世界 20 国集团（G20）峰会，多次

被评为全美宜居城市。

在城市发展方面，东北地区与匹兹堡存在很多相似之处，但在自然禀赋方面东北又有自身的转型优势。与匹兹堡相似的地方在于产业落后所造成的经济发展滞后导致了大量人口流失。根据 2020 年全国各省的 GDP 排名，辽宁省处于第 16 位，黑龙江省与吉林省分列 25 位与 26 位，三省的整体经济发展情况在全国范围内处于中下游位置。第七次全国人口普查的结果显示，辽宁、吉林、黑龙江的常住人口流出最多。不断下行的区域经济发展造成了人口的持续流出，导致人力资源大幅缺失。

东北的自然资源与制造业基础是在未来绿色发展中不可忽视的优势。黑龙江省的林地面积达到 2007 万公顷，在全国省份中排名第二。吉林省长春市此前也有"东方底特律"的美誉，在从传统能源汽车制造转向新能源汽车制造上有独特的产业优势。

结合上述案例以及东北的自身情况看，要以绿色产业转型带动整体经济发展的核心路径在于三方面：

首先，东北要提高软实力，形成有就业支撑的高城镇化率。从宏观经济层面上讲，城市的经济发展越好，人口数量也会增多；在此基础上形成高的城镇化率，但高城镇化率的背后并非代表绝对的经济繁荣，所以，经济繁荣是高城镇化率的充分不必要条件。目前东北三个省份的整体城镇化率并不低，2019 年国家统计年鉴数据显示，东北三省的平均城市化率为 62.6%，高于全国平均水平的

60.6%。但因东北地区的人口持续流出再加上经济发展降速导致了东北的高城镇化率的背后并无经济逻辑支撑。在重工业短期转型迟缓的背景下，东北应提升成本投入较少、回报周期较短的软实力产业。例如，扩大城市绿化带规模、提高各级学校的教育质量与加大城市形象传播力度等。根本目的在于吸引城市原有的中高收入者重回东北，进而拉动东北各城市内需，最终实现人口数量与经济发展的双增长。

其次，东北要合理运用自身的地区发展禀赋，实现绿色产业发展的"弯道超车"。此前提到，东北的重工业发展为当下的产业转型留下了很多后遗症，但与此同时也形成了一定的重工业转型基础。例如，在汽车产业方面，2019 年我国的汽车产量为 2572.1 万辆，长春的汽车产量为 288.9 万辆，占全国汽车产量的 11.2%，可见长春的汽车产业对我国经济发展的重要性。当下已有不少国家公布了燃油车禁售时间，虽然我国还未对燃油车禁售作出明确表态，但新能源汽车的崛起已成为全球范围内的大趋势。所以，长春如能将传统汽车产业的优势转向新能源汽车，那么长春将有机会成为我国新能源汽车的产业示范区，进而带动东北整体的重工业转型步伐。

除了工业外，东北的绿色农业优势也较为明显。东北平原的黑土资源丰富，是全球范围内仅有的四块黑土区之一，黑土中丰富的有机质为农作物的生长提供了很好的养分支持。在此基础上，东北应将农业的绿色化进一步提升，在农作物实现绿色生产后也可将耕地采用土地利用、土地利用变化及林业（LULUCF）实现耕地自主减排，甚至在未来有可能形成农业碳汇来进行自主减排量交易。

提到碳汇，东北的林业碳汇优势不可不提。东北三省的林地资源面积超过 3700 万公顷，约占全国林地面积的 27%。2021 年 7 月全国碳交易市场正式开启后，林业碳汇可作为国家核证自愿减排量（CCER）参与到碳市场交易，为当地政府与企业带来利润效益。

最后，应为创业者提供优惠政策与合理补贴，尤其是对绿色项目。当下东北的财政状况较为紧张，无论是财政收入还是公共预算的统计排名均处全国末流。在考虑到财政紧张的情况下，短期内引入大量高精尖类的第三产业企业并不现实，但逐步孵化绿色企业与项目是可行的长期战略。匹兹堡产业转型初期与深圳经济发展初期将科技型企业视为未来城市经济发展支柱，而事实证明这一战略是成功的。在落实方式上各地政府可运用政府和社会资本合作形式（PPP 模式），或筹建绿色生态办公区（EOD）模式。这样一来，各地政府用自身有限的财政投入撬动更多的社会资本，将资金投入的效率发挥到最大。

总的来说，"振兴东北"这一理念提出已近 20 年，其间采取的各项手段不计其数。在我国"双碳"目标的引领下，东北有望重拾经济振兴路径，建立以生态建设为理念，产业绿色化升级为抓手，经济增长为目的的区域绿色发展机制。东北应抓住此次经济突破的重要机遇，在未来成为我国重工业绿色化升级的示范区。

后 记

2020 年 9 月以前，绝大多数人对"碳中和"一词鲜有耳闻，但此后，"碳中和"已悄然成为国内外最为关注的热门话题，甚至可以说是 21 世纪第三个十年全世界最火的战略发展概念。

气候变化问题日益紧迫，全球暖化、极端天气正以肉眼可见的速度影响到全球每一个国家和地区，使得各国人民不得不主动寻求应对措施。2020 年 9 月，中国正式向世界提出 2060 年实现碳中和的宏伟目标，这不仅是推动经济社会高质量发展的内在要求，更是迈向人与自然和谐共生的可持续发展之路的必然选择，也充分展现了中国应对全球气候变化的大国责任担当。

从国家发展的角度看，实现碳中和目标的过程其实是回答了环保与发展之间的关系、生态与经济之间的关系，它把中国的发展之路进一步提升到了关乎人类命运共同体的新高度。

若再将视野放宽到整个世界，当前全球政治经济已进入到携手应对气候变化、共同实现《巴黎协定》约定的气候目标为核心的大国合作、竞争与博弈之中。在此过程中，中国作为一个发展中国家，如何参与到全球气候治理当中去并占据经济转型的优势先机，将决定中国未来数十年内的发展基础与潜力。

无论国内，还是国际，碳中和正深入影响到生产生活的方方面面，加强对碳中和的认知和审视是社会各界在产业经济转型大升级下的客观需求，更为广大科研人员和智库学者带来了新的研究目标和方向。

为了充分挖掘碳中和目标的重大意义与价值，在全球政治经济大变局下探索中国机遇，并向世界讲好中国碳中和故事，笔者所在的中国人民大学重阳金融研究院（人大重阳）从2020年年底开始，在此前连续六年研究绿色金融的基础上，迅速将过往绿色金融的研究优势转换与升级到碳中和领域，持续快速追踪国内外碳中和与绿色发展领域的前沿动态，强化碳中和理论与实践研究，发挥智库影响力并积极建言献策，先后举办了多场"碳中和2060与绿色金融"论坛，发布了《碳中和：中国在行动》《后疫情时代的中国经济绿色复苏》《纠正运动式"减碳"：来自欧美国家的教训与启示》《迈向绿色发展之路》《北京冬奥背后的绿色金融力量》等多份重量级研究报告和著作，与东方国信合作研发全球首个碳达峰碳中和智慧城市监测管理平台，还先后在哈尔滨的太阳岛论坛、成都西部博览会、生态文明贵阳国际论坛、桂林漓江论坛等承办多场低碳发展论坛，并为中国人民银行、中国农业银行等进行 30 多场碳中和主题的授课，获得了业内人士的广泛关注和肯定。

尽管中国在过去一年里已针对碳中和目标迅速开展了一系列规划部署和资源配置，在政策、技术、能源、市场等领域进行了全方位布局，建立了可持续发展的优势基础，但在具体的实现路径、地方统筹协调等领域还需要不断钻研与探索。更重要的是，碳中和目标带动了数百万亿元的资金需求，如此巨大的资金缺口离不开绿色金融的市场创新与支持。

中国的碳中和之路，仍然需要不断克服各种难题，并为之付出更为艰苦的努力和坚定的决心。相信在生态文明思想的顶层指导下，中国将加快构建起实现碳中和目标切实有效的产业与技术路径，积极践行绿色低碳发展的大国承诺。

本书的出版来之不易，感谢北京师范大学出版社的大力支持，尤其是祁传华、张雅哲两位编辑为本书的出版和发行付出大量心血。

这本书的出版也要感谢中国人民大学重阳金融研究院每一位同事，尤其是院办副主任刘亚洁、绿色金融部运营专员葛敏，她们为全院绿色金融的发展做了许多幕后工作。也要感谢在本书部分阶段性成果的发布过程中，相关学术期刊与报刊杂志的编辑和审稿人同志所提供的修改和指导意见，其中包括《中国金融》《学术论坛》《中国银行保险报》《学术探索》《金融市场研究》《当代金融研究》《新经济导刊》《中国外汇》《环境与生活》《中国经济评论》等，在此对相关合作者一并表示感谢。

本书另外两位合著者人大重阳绿色金融部助理研究员刘锦涛和赵越，是优秀的 90 后研究人员，刚加入研究院一年多，亦为本书作出了努力和贡献。但我常提醒他们，研究职业是场持久战，耐力与定力比能力有时更重要。未来的日子仍需要一起继续努力，戒骄戒躁，稳健前行。

同样，碳中和也是一场持久战，在今后的日子里，人大重阳将继续奋战在碳中和研究的最前线，令社会各界认识碳中和、了解碳中和、参与碳中和，为中国的生态文明建设与绿色发展之路贡献智库力量。

王 文

2022 年 4 月 21 日于望京